不可不知的做人智慧、做事谋略

别太老实，也别太诈

[我不是教你玩心计，更不是教你玩阴的]

宋师道◎著

现实社会中每个人必读的权术心法

台海出版社

图书在版编目（CIP）数据

别太老实 也别太诈/宋师道著．一北京：台海出版社，2011.10

ISBN 978-7-80141-885-2

Ⅰ.①别… Ⅱ.①宋… Ⅲ.①人生哲学一通俗读物 Ⅳ.①B821-49

中国版本图书馆 CIP 数据核字（2011）第 200311 号

别太老实 也别太诈

著　　者：宋师道

责任编辑：姜　航　　　　责任印制：蔡　旭

出版发行：台海出版社

地　址：北京市景山东街 20 号，邮政编码：100009

电　话：010－64041652（发行，邮购）

传　真：010－84045799（总编室）

网　址：www. taimeng. org. cn/thcbs/defauit. htm

E-mail：th-cbs@163. com

经　销：全国各地新华书店

印　刷：北京联兴华印刷厂

本书如有破损、缺页、装订错误，请与本社联系调换

开　本：710×1000　　1/16

字　数：206 千字　　　　印　张：16

版　次：2011 年 11 月第 1 版　　　　印　次：2011 年 11 月第 1 次印刷

书　号：ISBN 978-7-80141-885-2

定　价：28.00 元

前言
PREFACE

生活中，没有人喜欢自己被欺骗、被利用，人人都希望和他人相安无事的相处。因此，做人老实并不是什么错事，更不是坏事。可是，当我们步入这个到处充满竞争和捉摸不透的现实生活，过于老实就容易成为一种伤害。我们的过度老实在有些心术不正的人眼里就是一种傻，因为你傻，所以一些别有用心之人总是想从你这里捞点油水，占点便宜，甚至把你当枪使。

俗话说的好："害人之心不可有，防人之心不可无。"一方面，在与人相处中，我们既不能太过狡诈地心怀诡计，总是和别人耍心眼、玩心计是不可取的，也难以交到真朋友，更谈不上扩大自己的人脉圈，那么事业的成功也是一纸空谈；但同时也不能太过老实，任人宰割，对什么人都一味地掏心窝子，那样吃亏的必将是自己。

在现实生活中，有些人精于做局，擅长做秀，懂得察言观色；老实人却天真幼稚，不会包装自己，不懂人情世故；有些人充满智慧，处世有方法，做人有原则，坚持自己的主张，从而形成了自己的气场，构建了自己的人脉；而过于老实的人则是自卑自怨，遇事没有主见，只会依赖他人而又任人摆布，从而一事无成。结果是，有些人名利双收，既被人尊敬羡慕，又招人喜爱受人欢迎；而过于老实之人人财两空、无名无利，既被人欺负，又没有生活的尊严。

在这个竞争激烈甚至残酷的社会上，如果不想处处碰壁，就必须懂得一些生存的"潜规则"，适当地掌握一些基本的人情世故、做人的艺术和处世的技巧。

比如，在某些场合，我们要善于吃亏，敢于吃亏，但是不能吃哑巴亏；我们要学会为自己争取利益，但不能不讲原则，不择手段地去抢别人的功劳；我们要学会笼络人心，找出生命中的贵人，但也不能机关算尽、不劳而获；我们要与人为善，但是不能让恶人利用我们的善良作威作福；我们要说真话，但是不能不分场合、不分对象，要懂得有所保留，该说的说，不该说的不说……

老实人在处世方面，一定要学会“活”，决不可再拘泥于善良，无知的自我陶醉中。世界是圆的，万物是活的，人心是多变的。灵活地运用做人之道，才能在这个无形的世界中，给自己塑造一个有形的自我，为自己赢得一个更宽广的生存之地。

因此，在善良、真诚、宽容的基础之上，我们也应该明白“水流不腐，人活不输”的道理。做人不应该一成不变，而应该根据环境的变化以求自身相应的变化。就像太极中的“以实化虚，以虚化无”一样，万物能够在你的掌控之下变得游刃有余。

在人生的舞台上，我们每个人都要逐渐挖掘那个不断趋于完美、不断成熟的自己，让我们抛开呆板的做人思维和处世的方式，凭着你的智慧和胆识，尽情地展现出自己最圆融、最成功的一生。

本书剖析老实人的弱点，为老实人指点做人的出路。它不是教你诈，而是告诉你如何不吃亏的学问！既教你如何学会保护自己，而又不去违心、虚伪、算计别人；也劝你要把眼光放长远，不要为眼前一些小利小惠钻空子，占便宜；还告诉那些老实人在处世方面，在善良、真诚、宽容的基础上，做事更要掌握分寸，谨言慎行，智慧灵活地待人接物。如果能做到这些，我们的人生道路必然会少很多曲折和坎坷，更多的是阳光明媚的康庄大道！

目　录

CONTENTS

第 1 章　不做软柿子被人捏，也别偷奸耍滑让人防

做人不能太软弱，一个人表面上的软弱，常常会助长和纵容别人侵犯你的欲望；但是，做人也不能太狡诈，不能总是给人一副偷奸耍滑的小人形象，那样只会让所有人都排斥你、疏远你。

第 2 章　别在沟通时呆板无知，也别在交际中过于圆滑

为人处世不能太过圆滑，说的话太多了，吹得牛太大了，总会招来别人的唾弃或者鄙视。但是，做人也不能太过呆板、柔弱无知，当开口时不敢开口，当热情的时候却还是板着一副面孔应对，这样做也无疑是自断人脉。

第 3 章 别直言快语掏心窝，也别讳莫如深玩城府

老实人喜欢与人掏心窝子，以为这样也可以换来对方的真心，可是，你虽然不去招惹别人，但是不能不防着别人。因此，做人切忌老实过头，有些话能说的说，不能说的不说；有些事该做的做，不该做的不做。

第 4 章 别躲在角落里默默无闻，也别锋芒太露招人妒

俗话说，酒香不怕巷子深。可是，在当今信息泛滥的时代，这样的观点已经有些落伍了。一个人，如果不懂主动展现自己，推销自己，终会躲在角落一辈子默默无闻；然而，若是锋芒太露，强做出头鸟，难免得罪别人，遭人嫉恨。

第 5 章 别“与世无争”吃闷亏，也别心狠手辣去“抢功”

生活中，老实人喜欢抱着一种与世无争的态度，吃了亏以后才如梦初醒。于是，为了保护自己的正当利益不受侵害，老实人改变态度：“不属于我的，我固然不能去争；但是，本该属于我的，我自然也不能放手。”

第 *6* 章 别在场面上木讷寡言，也别斗心眼作弄人

一个人太过奸诈、狡猾常常不会受人待见；可是，太过老实、木讷的人却又容易被人忽视或者冷落。所以，我们说话、做人都不能流于两个极端，既要善于说些好听的话，讨好别人，也不能过于与人争锋相对，讨个没趣。

第 *7* 章 别在牛角尖里闷死，也别见风使舵谋私利

做人踏实、本分、待人诚恳、坚持原则本没有错，但是，有些人太认死理，爱钻牛角尖，这就显得有些呆板和迂腐了。事实上，我们虽不建议人们常常见风使舵、为谋私利不折手段，但也不提倡做人不懂变通，一根筋到底。

第 8 章　别羞于笼络人心，也别机关算尽不劳而获

很多老实人羞于社交，也不善于交际，这在很大程度上阻碍了他们自我发展的道路。要想赢得好人缘，一定要走出自己封闭的内心，大胆而主动地去与人沟通。当然，与人相交，万不可过于急功近利、精于算计，否则也必定会把人际关系搞砸。

第 9 章　别埋着头哑巴吃黄连，也别打着“算盘”占便宜

过于斤斤计较、打着算盘占便宜的人，往往会遭遇别人的排挤和疏离。但是，老实人容易吃亏，也是不争的事实。所以，生活中，我们既不能太老实，吃闷亏，吃哑巴亏；也不能太狡诈，要聪明，玩手段，让自己陷入尴尬的境地。

第 10 章 别被人当枪使，也别算来算去算自己

做人太老实，没心眼，容易被人利用，也许被人卖了还帮人数钱呢。当然，防人之心不可无，害人之心也不可有。若是要尽手段、绞尽脑汁去算计别人，往往弄巧成拙，陷入“聪明反被聪明误”的泥淖中。

第 1 章

Chapter1

不做软柿子被人捏，也别偷奸耍滑让人防

做人不能太软弱，一个人表面上的软弱，常常会助长和纵容别人侵犯你的欲望；但是，做人也不能太狡诈，不能总是给人一副偷奸耍滑的小人形象，那样只会让所有人都排斥你、疏远你。

1. 别让宽恕和忍让变成放纵和懦弱

与人相处的时候，忍让和宽恕是一种美德，但是必须把握住一定的限度，在无关紧要的小事上不必斤斤计较，但在原则问题上绝不能退让。一个人如果不敢坚持原则，以牺牲根本的东西来换取一时的苟安，他也就失去了做人的尊严和价值。甚至，你的忍让和妥协只会让某些人变本加厉，更加放纵。

有道是“小不忍则乱大谋”，要想成大事必须暂时忍小痛，但这绝对不是叫你总是忍，一味地忍肯定是一种无能的表现。

有时候你有意地宽恕和忍让，会让人觉得你没有主见，分不清是非。因为，在忍让的同时，人们总会在是非问题上作些妥协，久而久之，你会发现有些时候自己也搞不清到底什么是对，什么是错。如果在原则问题上一再忍让，有时会害了自己，犯了错误，甚至以身试法，自己还蒙在鼓里。

另外，很少有人能非常轻松地、愉快地一再忍让别人，大多数情况下，在心里总要作一番斗争。这样的忍让次数越多，越有损自身的健康，同时也放纵了别人，其实也是“害”了别人。

所以，我们心里要清楚，对什么人可以忍让，对什么人不能忍让。靠忍让去换得别人的好感，大部分情况下会适得其反，除非你遇到一个非常善良的智者或者和你一样喜欢一味忍让的人。

有些人是不会把你的宽恕和一再忍让当做适可而止的信号，相反会得寸进尺。妻子对丈夫越轨行为的一再忍让，只会使丈夫为所欲为，变本加厉，甚至他会在某一天突然认为这是正常的；人们对一些泼皮无赖一再忍让，他会觉得你是因为怕他，你越是忍让，他就越是放肆，把你当成可以欺辱的对象；母亲对儿子不良行为的一再忍让，会使不懂事的孩子误入歧途。一再忍让可能导致不可收拾的结果，让人后悔不已。

所以说，面对那些无理的攻击，我们不能一味地宽厚下去，否则只会让一部分人更加嚣张无礼、肆无忌惮。对于一些善意的玩笑，一时过火的行为，忍让一下可以显示你的涵养；但对于那些一贯性的、污辱性的，甚至无赖性的侵犯，忍让就等于绵羊于恶狼面前投降；尤其不允许有些人侵犯你的原则问题，这时候需要的是反抗，给予那些不知趣的人以迎头痛击，让他知道，该如何尊重人。

苏联诗人马雅可夫斯基才华横溢，有杰出的才能，又具有很强的个性和正义感。他看不惯并不能容忍一切腐败现象，就对此进行猛烈抨击，但一切依然如故。正因为这样，他对于一切无礼的攻击、故意吹毛求疵和嘲笑挖苦均报以尖锐的讽刺和嘲弄，其方法是以牙还牙、锋芒毕露，同时又妙趣横生。

请看他在一次演讲中与个别观众的交战。

他刚讲了一个笑话，忽然有人喊道："您讲的笑话我不懂！"

"您莫非是长颈鹿！"马雅可夫斯基感叹道，"只有长颈鹿才可能星期一浸湿了脚，到星期六才能感觉到呢！"

"我应当提醒你，马雅可夫斯基同志，"一个矮胖子挤到主席台上嚷道，"拿破仑有一句名言，从伟大到可笑，只有一步之差！"

"不错，从伟大到可笑，只有一步之差。"他边说边用手指着自己和那个胖子。

诗人接着回答观众的问题。

"马雅可夫斯基同志，您今天晚上得了多少钱啊？"有人问。

"这与您有何相干？您反正是分文不掏的，我还不打算与任何人分哪!”

“您的诗太骇人听闻了，这些诗是短命的，明天就会完蛋。您本人也会被忘却，您不会成为不朽的人。”

“请您过100年再来，到那时我们再谈吧!”

“马雅可夫斯基，您为什么喜欢自夸?”

“我的一个中学同学舍科斯皮尔经常劝我要只讲自己的优点，缺点留给你的朋友去讲!”诗人的话音未落，就见一个人从他座上站起来喊道:“这句话您在哈尔科夫已经讲过了!”

“看来，”诗人平静地说，“这个同志是来作证的。”然后用目光扫视了一下大厅，又说道，“我真不知道，您在到处陪伴着我。”

“马雅可夫斯基，您为什么手指上戴戒指? 这对您很不合适。”

“照您说，我不该戴在手上，而应该戴在鼻子上吗!”

“马雅可夫斯基，您的诗不能使人沸腾，不能使人燃烧，不能感染人。”

“是的，因为我的诗不是大海，不是火炉，不是鼠疫。”

其实，现实社会中，当你受到不公平的待遇时，要有勇气抗议，但这种抗议必须有气势，不必得理不饶人，但要充分表达你的立场，也不必闹翻天，但要让对方了解你的立场。

有些人不敢去欺负一些比自己强势的人，因此你的抗议和生气会产生相当的效果。所以，你做好人没有错，但一定注意分清对象和场合，有些时候不必一味地忍让，否则只能是纵容别人的无理取闹。

2. 甘愿做软柿子，只有被捏的份儿

在我们身边的环境里到处都有这样的受气者，他们看起来软弱可欺，最终也必然为人所欺。一个人表面上的软弱事实上助长和纵容了别人侵犯你的欲望。

向东生是福建某市郊区的菜农，常常开着一辆三轮车把自家的菜拿到集市上去买。有一次，一个泼皮无赖去买他的菜，除了不给钱，最后还说他的菜缺斤少两，要求陪自己他的“损失”。

向东生也不愿意和这样的人计较，只好把刚刚卖菜赚的 50 元钱都给了他。然而，向东生这种生性宽厚老实、逆来顺受的性格让无赖更加有恃无恐，他以有一部无牌车要卖 100 元为由，叫向东生次日去他的住地买。

向东生不买，但是那个无赖还是抢去 50 元“工夫钱”，晚上，还逼向东生请他吃饭。向东生只好又忍气吞声，抱着破财消灾的心理，没有报警。无赖见向东生软弱好欺，就得寸进尺。

某天深夜，无赖又向向东生勒索了 78 块钱，并且还要向东生在第二天上午 10 点前送 2000 元到电影院门口，否则要用炸药炸死他全家。无奈之下，向东生终于到市公安局巡警大队报案。翌日上午，该市巡警赶到电影院守候，当无赖出现在电影院时，即被巡警抓获。

我们主张，人是应该有锋芒的，虽然不必像刺猬那样全副武装，浑身带刺，至少也要让那些凶猛的动物们感到无从下口，想要吃你是得不

偿失的。

何正德是某出版社的职员，在工作中他处处小心，事事谨慎，对每位同事都毕恭毕敬。偶尔与同事发生点小摩擦，他从不据理力争，总是默默地走开。

大家都认为他太老实、太窝囊，于是都不把他当回事，以至于在许多事情上他吃了不少亏。想起两年来同事们对他的态度，尤其在奖金分配上自己老是吃亏，何正德心里觉得很委屈。于是残酷的现实使他不得不对自己的为人处世进行反思了。

有一天，办公室的一位同事擅离职守丢失了东西。这位同事嫁祸于何正德，说是他代自己值的班。

主任在会上通报这件事时，何正德马上站了起来，说道："主任，今天的事你可以调查，查一查值班表。今天根本就不是我的班，怎么能说我不负责任。只是，有人是别有用心想让我替他顶罪。并且，我要告诉你们，大家在一起共事也是有缘，我实在是不想和同事们争来争去。以后，谁要再像以前那样待我，对不起，我这里就不客气了。"

经过这件事，何正德发现同事们对他的态度有了明显的转变。他也抬头挺胸起来，不想再扮演被人欺负的角色了。

无论是在社会，或者职场，一味忍让都不是办法。真正的生存法则是勇敢面对，从每一件小事开始做起，把握原则，坚持真理，杜绝邪恶，别让对方的无理越演越烈，直到无法收拾的地步。

有人之所以受到欺负、刁难，往往是因为自己软弱或办事能力较差所致。要改变被人欺负的现状，让别人知道你也不是好欺负的，必须要强硬起来，与欺负你的人相抗争；除此之外还要提高自己的办事能力。你应注意自身修养，要做到胜任工作，守信用，脚踏实地，不以个人情绪来左右工作。

进攻才是最好的防守。一味忍让，苦守在自己的城堡里，总有一天会被敌人攻下。唯一的办法是主动出击，打败敌人，才能做到真正的防守。等你在办公室树立起你的尊严，展现出你的魄力，你就不会是一个受气包、出气筒，而会成为上司眼中极具潜力的人，你的前途自然也就不可限量。

3. 对坏人的仁慈，就是对自己的残忍

对于有些好人，我们当然是以君子之腹度之；但对于一些小人，我们绝不能一味地宽厚、仁慈。对坏人的仁慈，就是对自己的残忍。对于尖酸刻薄者，对于故意寻衅的敌人，千万不要客气，该反击时就反击。为人兼有软硬两手，才是处世自保并争取主动的真理。

善良的人对待其他善良的人，应该是善良的，这无可非议。善良的人若是对待凶恶的人还是一味地善良，表现得温和、仁慈，就必定会被凶恶的人所欺负。

电视剧《水浒传》里有这样一段剧情：林冲被高俅栽赃诬陷，进而发配沧州，路上被押送的官差欺辱。甚至，在经过野猪林时，两个押送他的官差正准备结束他的性命。眼看着大刀就要落到了林冲的脑袋上了，在这千钧一发之即，鲁智深仿佛从天而降，大喝一声，挑开他们的大刀，紧接着三拳两脚就把两个官差打得屁滚尿流，磕头求饶。

鲁智深那满脸张扬的胡须、不怒而威的神态、膀大腰圆的身架、手

中的那把月牙大铲的确让人望而生畏，更何况是他发怒的时候呢。再看林冲则是一幅柔弱斯文的模样，哪里有一点八十万禁军教头的威风和派头，心地虽善良，但难免有一点迂腐和不谙世事，真是空有一身的好本领!

人们在感叹林冲的不幸的同时，对他的软弱、仁慈也觉得愤懑——被两个官差所欺，也有他自身的原因。他的武功在鲁智深之上，如果说，鲁智深解决他们两个用三招两式的话，那么，估计林冲只需一招一式就可以了，即使带着枷锁也毫不费力。但就是因为他表现得太善良，甚至不愿对两个官差下手，所以才被两个小人欺负，如果他能有鲁智深的霸气，估计就不会落得如此下场了。

钱迪和大雄在一个商场里做生意，但是，因为抢客户两家发生了冲突。有一天，钱迪在回家的路上遭到了一个蒙面匪徒的劫持。那人持刀砍了钱迪一下便要跑，但是钱迪一把撕下那人的面罩。让钱迪感到吃惊的是，那人正是在商场和他对着干的大雄。

被钱迪识破，大雄只好向钱迪求饶，不让他报警，并答应满足他提出的任何条件，私下解决这事。钱迪也念在大家同在一个商场共事许多年，于是就答应只要帮他把伤看好，赔偿一万块钱了事。

然而，大雄说他这一段时间资金周转有点紧张，容他一段时间再给。钱迪也没在意。等到他的伤势完全好了以后，再去向大雄要钱的时候，大雄却当着众人的面说钱迪在勒索他。因为当时也没有目击证人，更没有其他证据，如今钱迪是有口难辩。

如果善不压制恶，恶就会欺负善，如果善对恶一味仁慈，这样只会助纣为虐，为虎作伥，只会让恶更加肆无忌惮，让恶更加嚣张和张狂。

4. 别成为职场“沉默的羔羊”，忍气吞声换不来尊重

许多职场中人都有类似这样的苦衷：对同事有求必应，必然有某次因为能力或其他原因你“应”不了，人家便觉得你不够意思，从而疏远你；同事不愿意做的事，自己都包揽下来，时间长了，自己做的一切都成了理所应当的；自己做了事，被别人抢了功，也不闻不问，还像没事人似的，以为只要是自己努力过了，上司就会发现；对上司分配下来的不合理工作不懂拒绝，等到事情出了问题，只好自己承担结果……

最后，你变成了大家呼来唤去的“杂工”；公司里你来的最早，工资却最低……以至于让自己活生生地变成了一只职场上的“沉默羔羊”。

有次，王颖的主管差她去车站帮他接一个亲戚，结果刚出公司大门就被出差回来的经理撞了个正着。经理问她去哪，为了不得罪主管，她就说出去给办公室买文具。后来经理不知从哪里知道了事情真相，把王颖叫去训了一顿，说她身为公司职员，对领导都不能做到诚信，又怎能尽心尽力为公司做事呢！

原本，经理对王颖的印象还不错，可是之后却越来越疏远她。而主管知道这件事后，虽然想帮王颖，但是，苦于自己还是受制于人，也只好作罢。在这样的环境下工作，王颖越来越觉得只是在自讨没趣，于是，在事情发生了一个月后递交了辞职申请。

在办公室里，我们不必处处做一只沉默的羔羊，当然，这也不是说

让你处处争强好胜。我们必须明白，该做的时候做，该说的时候也要说；否则，自己付出的努力换不回应得的报酬，只会让自己越做越没信心。

金钟研究生毕业后进入了一家规模不算大的科技公司，在公司研发部从事软件开发工作。研发部的员工数量不多，仅有二十多名员工，由于是研发部门，因而大多数员工与金钟有着相似的背景，基本上都是硕士学历，并且大多都来自于国内的知名高校。

金钟进入公司将近三年了，虽然大大小小的研发项目参与了不少，并且期间还参加了几个比较重要的项目，但是总感觉自己没有受到重视，老板也没有给自己加多少工资，他越来越感觉自己在公司的前途渺茫。

一次与朋友吐露心声，他说："我觉得，无论在学历、经验及能力上，虽然自己并不是非常突出，但也绝不会比其他同事差。甚至有些同事，我认为根本就不如我，可他们却能够受到老板的重视，无论在工资，或是职位上，都比我强。更让我郁闷的是，与我同时加入公司的一位同事，各方面条件跟我都很接近，但明明没有我努力，可工资却明显高于我。现在，我是对这个公司彻底失望了。"

听完金钟的叙述后，他的朋友问了金钟这样一个问题："你觉得你有没有让你的老板了解到你在努力工作呢?"金钟不解地问："还用我去告诉他吗?他应该能看见的。我们部门就这么几个人，我经常周末加班；研发中很多问题，都是我提出的解决方案，这都是明摆着的，还用我说!"

他的朋友笑了笑说："这就是你的问题了。你总是认为你的付出，老板一定能知道，于是便很少主动去说，也不认为这样说了有什么效果。所以，老板可能感觉你对公司并没有多少感情，你只是把公司当做一个跳板，在你成熟之后，你可能就‘飞’了，因而对你并不抱太大希望。”

很多刚刚踏入职场的人，自己很努力，却总是得不到加薪或者公司的重用。其实，他们的问题并不在于工作能力，甚至其中有很多都非常优秀，他们最主要的问题便是过于“沉默”，不会，甚至是不愿意去告诉自己的老板自己有什么成绩，付出了哪些努力；就算有时候遇到同事抢功，上司抢功，也都懒得争辩，忍气吞声。

另外还有一些人，他们认为“说”是没有用的，他们的思想上总是认为：“老板又不是傻子，他看不到吗?”

然而，一个老板要了解自己的下属，是需要一个较长的接触过程的；而如果你能够主动地向老板表现，则更容易让你的老板发现你。例如，你希望你的老板认为你很上进，那么你就必须时常向你的同事、上级说出你的目标，告诉他们你为这个目标付出了哪些方面的努力。

在此基础上，你需要不断把握各种跟老板接触的机会，让他了解你是怎样为你的目标而努力的，同时不断地告诉他，你在工作上有什么成果，你具体做了什么事，你是怎么思考的，这样，便容易形成一种气势。只要时间足够，你的同事、你的老板自然而然便会形成一种印象，他们会发现你确实是非常积极的，便开始更多地关注你。如果你能够不断地加深这种印象，那么，你的老板便会更加信任你。

所以，如果你有成果，请不要吝啬，也不要过于谦虚，你应该寻找机会告诉你的老板，让你的老板了解，这样，你才更容易获得发展的机会。

否则，你总是习惯做一个“沉默的羔羊”，别人让做什么做什么，自己做出了成绩也不邀功、不请功，甚至被别人抢了功也只是默默承受。试想，一个连自我都保护不好的人，肯定是无法胜任重要部门的工作或担任主管职位的。这样的人，即使老板发现了你的才能，他也不敢重用你。

而无数的事实证明，只有敢于挺身为自己的付出发言，捍卫自己的正当权益才更能赢得别人的尊重、公司的重用。

5. 无原则的“滥好人”，处处讨好不落好

不知道你有没有遇到过这样的情况：不分场合示人微笑，人家觉得你没个性；你心无城府地多次借钱给朋友，他很快心安理得并习以为常，你倒是被逼入两难的境地——要吧，怕伤感情，不要吧，白遭损失；办公室里只有你不时拿起扫把、拖把打扫卫生，久而久之，大家把你当成兼职的清洁工，坦然享受你带来的整洁干净，心里却丝毫不记你的好……这便是一个典型的无原则的“滥好人”，处处讨好不落好。

刚刚毕业参加工作，父母就跟高倩说：“不要和同事斤斤计较，遇事自己多干点。”高倩是个听话的孩子，于是，走进公司，总是小心谨慎，每逢节假日值班，只要谁开口，她都答应，为此不知浪费了多少个节假日。

时间长了，她自己都开玩笑地说自己成值班专业户了。平时上班，她也总是早早就到了，收拾台面，打扫办公室，只要谁说一句“没吃早餐好饿呀，有没有什么东西填肚子?”她就赶紧拿出自己买的点心，送到他们手上；炎炎夏日，她还经常买些冰镇可乐带给大家喝。她成了大家公认的“大好人”。

然而，随着工作渐渐增多，她没有再像以前一样帮同事们跑腿，同

事的抱怨也就接二连三而来。有的同事还当着高倩的面开涮："摆什么架子嘛！来来来，帮我把这份材料送到各个部门去。""嗨，去仓库帮忙领一包打印纸过来，我们等着用呢！"碍于情面，她还是做了。

当然，和同事搞好关系是应该的，但这要看你和同事之间的"好关系"是靠什么来维持了，他们对你的"好感"是如何形成的？如果只是因为你是一个很好"使唤"的同事，能够为他们减轻很多负担，甚至成了他们犯错时的"牺牲品"，显然这样的"好关系"不值得庆幸。尤其作为初涉职场的新人，要记住，和同事相处，我们不能做"坏人"，但切记也别做无原则的"滥好人"。

吴浩是个老实人，朋友常常夸他说"人缘好""老好人"。然而，他的"好"让他在生活中吃了不少亏。比如，在和售货员打交道时总是推不开情面，人家推荐的东西，明明是自己不需要的，但看着售货员一脸真诚的介绍，就只好买了；朋友来向他借钱，明明自己也没有，只好勒紧裤腰带，给朋友双手奉上……

有一次，一个同事说刚找了女朋友要去约会，要求他帮忙值班。因为是大家公认的老好人，于是他应承了下来。但是，就在那一天，公司的电脑中毒，丢了很多重要的材料，所有的人都把责任推卸得一干二净，只有他因为值班，被公司予以处置。

这件事之后，他决定再也不做这样的"滥好人"，凡事从此要果断一些。一次，他去商店买鞋，看到一双自己喜爱的鞋，就告诉售货员，他要买下这一双。但是，正当售货员把鞋装进鞋盒的时候，吴浩注意到其中一只的鞋面上有一道擦痕。他抑制住自己当即萌生的不去计较的念头，说道："请给我换一双，这只鞋上有擦痕。"

售货员回答道："先生，这个号的鞋子只有一双了，要不这样吧，给你打个九折怎么样。”“不行！没有我就不要了。”说着要走，另外一个售货员赶忙追上来说：“别急，这里还有一双呢。”这个时候，吴浩才明白，原来，他经常无条件地接受别人的要求，换来的只是别人的敷衍。自从他改变以后，反而觉得别人开始真正地尊重他。

做人要有棱有角，不要以为别人给你安个“好人”的称号就可以放弃自己的个性。这样只会让人觉得你软弱可欺。当然，不让你做“滥好人”并不是不让你做好人。

做好人，首先是要确立自己做人的原则。有道是，君子有所为，有所不为。例如，宁可舍身救人，也不帮助邪恶小人；宁可送东西给那些需要帮助的人，也不借东西给那些把你当棋子说丢就丢的人……这都是原则。有了原则，对别人的要求就不会照单全收。但如何坚守原则却也是“好人”的困扰所在，因此还要有拒绝的勇气。如果你能拒绝别人几次，别人自然就不敢随便向你提出无理或有损于你的要求。

让人了解你的处世原则，可以采用事前打“预防针”的方式，这样就会在事先封住别人的所求。这种方法是在日常行为当中，适时地“透露”一些自己做事的原则，不经意地给别人一些禁忌，以免他一有什么事就找到你的身上。“预防”为主，会让你省却许多麻烦，毕竟开口说“不”，对一个好人来说更难一些。

还有一点要说明的是，待人处世的原则要以明辨是非与独立思考的能力做后盾，否则就会拒绝不应拒绝的事，接受不该接受的要求。

6. 再精明的小骗术，也只能是一锤子买卖

很多人无论是为人处世，还是创业做生意，总喜欢耍些小花招，只要看到眼前的一点蝇头小利就两眼放光，用尽手段，争抢拼夺。他们从来不去想想，这样做的结果很可能会“拣了芝麻，丢了西瓜”。试想，当别人知道上当受骗，还会和你有第二次生意往来吗？那么，你的精明小骗术注定只能是一锤子买卖。

诚然，任何人都懂得权衡利弊，两利相权取其大，两害相权取其轻。道理很简单，用不着多说，问题是，你在为人处世、创业做生意的时候，权衡利弊的标准是否正确？你所取的“大利”真的大吗？如果你不懂把眼光放长远一点，只是以眼前的“利多利少”为唯一标准，可能忽视了最重要的东西。

在我们的生活中，如果你肯留意便不难发现，一些销售员往往把推销定位为“一锤子买卖”，只要将商品推销出去，就算大功告成。这些销售员没有考虑过客户购买商品后的使用情况，他们只是从自己的眼前利益出发，进行一种十分低级的推销行为。

安一哲在某个保健品公司做销售已经 3 年，但是，因为没有业绩，在公司依然是个最底层的推销员。他认为自己整天忙忙碌碌，路没少跑，话没少说，而收效甚微，甚至几年下来，却还没有积累到固定客户。于是他开始反省自己，是不是自己在推销的过程出了问题？

在给一位老年人推销保健品的时候，那位老人问：“我常年骨质疏松，没少吃各种各样的钙片，都没见有效。你这个东西难道比钙片还管

用?”“瞧您说的，老伯，我们是全世界500强上市公司，生产的东西只有质量达标才能通过。我不是和您吹，您吃我的产品不出两个疗程就会见效的。”

“那我的老伴儿老头晕，吃这个会管用吗?”“管用，它有安神的作用，吃了安神、提神，自然可以管头晕了。”

听信了安一哲的话，老伯一下子买了3个疗程的保健品。然而，当安一哲再一次出现在老伯所在的小区去推销自己的产品的时候，有些老人却当面指责他说：“都是骗人的。张老头上次买了都上当了，说是两个疗程就能治好他的骨质疏松，现在他用了半年了都还没见起色呢。”

原来这种产品不过就是起保健作用，但是为了把产品推销出去，安一哲不惜用“可以治病”的说法来诱导老人，虽然第一次成功推销出去自己的产品，但是却招致全小区的人的不信任。

向顾客介绍商品应实事求是。漫无边际，把你的商品说得完美无缺，顾客未必信任你；即便是你的口才了得，最终说服客户购买你的产品，但是当顾客用过以后并不是像你说的那样，有了这种上当的感觉，他以后自然不会再相信你。

而一些优秀的推销员，他们不会过分夸大自己的产品，而是以博得客户的信任为重，他们会着力和客户建立比较长远的关系，只有这样，才可以保证你长远的利益。

汤姆是一位非常优秀的汽车推销员，每次向客户推销了一辆汽车后，每隔3个月就要跟客户打个电话询问汽车的使用状况，询问是否需要帮助?客户很乐意接到这样的电话，很友好地对他说：“没有任何问题，一切运转良好，谢谢你的关心。”然后客户很自豪地对他的邻居说起这样的事情，不久邻居也成为了汤姆的忠实客户。

客户在购买汽车的同时，还常常向汤姆购买汽车零部件，以后汽车的更新换代也首先找汤姆商量，要汤姆给他推荐一款新车。

推销绝不是“一锤子买卖”，它是一种长期的过程。很多信奉推销就是“一锤子买卖”的销售员不重视和客户保持友好的关系、客户购买商品后的服务跟进。他们不懂得在适当的时间给客户打个电话询问商品的使用情况，结果随着时间的推移，发现推销工作越来越困难，因为已经没有了以前的那种推销热情。

然而，那些信奉推销需要和客户建立友好关系的销售员，他们非常注意实事求是，不欺骗客户，保持服务的跟进，在适当的时间给客户打电话询问商品使用状况，结果随着时间的推移，发现推销工作越来越容易，因为很多客户已经成为了他的忠实客户。

一名优秀的销售员达成一笔交易往往会有三笔财富。一笔财富是工资和提成，另一笔财富是经验的积累，第三笔财富是良好的客户关系。正如前面反复强调的，对于一次推销活动来说，销售员的成功标准其实很简单。

如果没有实现商品销售，也没有和客户保持良好关系，这次推销活动是失败的；如果没有实现商品销售，但是和客户保持了良好的关系，这次推销活动就是还没有成功；如果实现了商品销售，没有和客户保持良好的关系，这次推销活动刚刚及格；如果实现了商品销售，和客户又保持了良好的关系，这次推销活动比较优秀。

在销售员和客户的交谈过程中，销售员不要仅就商品而谈商品，应该着眼长远，从满足对方利益的角度来谈商品，这样才可能将对方变成自己的合作伙伴，而不是一次性交易者。

7. 弄虚作假的南郭先生，总有一天会露馅

俗话说，天下没有免费的午餐。然而，在我们的生活周围还的确有些人就是喜欢吃免费的午餐。比如，那些没有专业能力、实际本领的人，常常“以混为生”，在职场上滥竽充数。然而，那些没有真本事，或者无视公司规定弄虚作假的人，总有一天会露馅。

齐宣王喜欢听众人一起吹竽。根本不会吹竽的南郭先生便钻了这个空子，混在乐队里，安心地拿着优厚的薪水和丰厚的赏赐。然而，好景不长，齐宣王死了以后，他的儿子齐闵王继承了王位。虽然齐闵王也爱听吹竽，但他喜欢听乐师单独奏乐，这时的南郭先生知道混不过去，只好逃走。

诚然，欺骗行为终究是要失败的。假的就是假的，最终逃不过实践的检验而被揭穿伪装。即使从利害这方面打算，欺骗行为也是不可取的。没有私心，不为功利的名誉和价值，要比从欺骗中得来的利益大过千倍。

然而，偏偏有些人，自知无能，便万分警惕周围任何威胁自己利益和位置的事或者人，往往为了保住自己的利益而欺上瞒下，两面三刀，最后把自己的人际关系也搞得乌七八糟。

2010 年 3 月，闽南一家电子公司新来了一位生产部经理，姓张。在他的简历上描述的是，大学毕业，有多年管理经验，对真空电镀和

UV 喷油的技术通晓，并且还贴身带了一名打板工程师，说是行内高手，人称杨工。

张经理一来，马上行使本身职权，把以前的生产主管和技术人员撇在一边，所有事务尽揽于一身，打样的事也全部交于杨工。有关事物都由两人在办公室里窃窃私语后定夺安排。

公司新开不久，最初，订单也不是很多，不过因为原生产主管管理得当，进度和质量还颇得客户好评。今年开年之后，因为业务部门的努力，很多客户都发样品过来试做，到了 3 月之后，样品颇多，每天都有几款过来。张经理来后，所有样品都由杨工来负责。

变故由此而生，以前的样品基本是每款都能通过，而自张经理接手之后，竟有 90％不能通过，缺陷百出，不是颜色有偏差就是喷油不均。业务问他，他说是客户素材有问题。

有一次，一位客户亲自带样品登门而来，因产品要求较高，故亲自留厂等候。然而，产品交给张经理试做，三天，试做十数次，还是没能让客人满意。客人问张经理出错的原因，张经理却说是客人的素材有问题。这让客人非常不快，他说："这个素材试了不下三个厂，都没问题，为何到了贵公司就有问题了呢？我选你们公司，是因为彼此离得较近，你们的报价也合理，设备比较先进，现在做不好竟怪我素材不行？为什么你们不从工艺上找一找原因？"

业务老王这时不得不上前打个圆场，请求客户再给一次机会，保证做好。客户答应后，老王便向老总提议，这次的试样由原生产主管负责。老总同意他的建议，将此案交于生产主管。二次试做之后，效果竟然很好，客人见了连连点头。

业务拿着合格品给张经理看，并说："张经理，以后请不要再说素材不行！"说完，转身离去。刚好三个月试用期结束之后，老总婉言将张经理辞退。两人各背一包，灰溜溜而去，没和其他人打一声招呼。

快速扩大的市场和相对好的经济环境，为“混”的人提供了肥沃的土壤和足够大的可以滥竽充数的“乐队”。然而，毕竟现在又是个“在商言商”的时代，商业是需要讲究效益最大化的。如果你做不出成绩，就算是混进了好公司，但是你只能混得了一时，却混不了一世。

另外，个别人为了及时地获得自己所需的资金，往往不择手段。弄虚作假，是他们常用的手段之一。其实，弄虚作假的人只是在耍小聪明，很容易被别人识破。而一旦识破之后，他们不仅得不到原有的利益，也影响了自己的声誉，对于以后的发展也极为不利。

所以，我们想要成功，唯一的办法就是勤奋、努力、踏实，只有练就一身过硬的真本领，才能经受得住一切考验。

8. 搬起石头砸顾客，结果却砸了自己的脚

生意人最讲究利字，无利不成生意。能赚钱当然是好事，但有些生意人却为了赚钱而不择手段，甚至耍各种小聪明来忽悠顾客。这样，结果只能是搬起石头砸自己的脚。

一个商场里的化妆品区最近开展了一次促销活动。发出来的海报上宣称，促销活动期间，凡是在该区购买化妆品满200元的新老客户，持有效票据均可到该商场兑奖并领取一份厚礼。

而正好不久前，万紫烟在这家商场的化妆品区买过一套化妆品，价格也超过了200元，只是当时万紫烟要求开发票的时候，店员推脱说，这一段时间刚好没有发票，所以就只开了一张收据。

万紫烟也并没在意这些，那天出去逛街的时候就顺便拿了那张收据

去兑奖。可是，店员却不耐烦地说："这位小姐，您这是购物收据，不能兑奖，也不能领取礼物，只有拿着正式的发票方才能参加活动。"

"这明明就是你们给我开出的销货收据，怎么就不能兑奖领取礼物呢?"万紫烟一脸疑惑。不管万紫烟怎么要求，商家就是不让她参与兑奖活动，也不发给她应得的礼品。商场工作人员见万紫烟始终不依不饶，就请商场日化部的王经理出面接待了万紫烟。问清情况后，该经理以刚刚上任没有经手此事为由，拒绝理会万紫烟的合理要求。

这使万紫烟非常恼火。之后，万紫烟再也不愿意去那家商场买东西。而因为她的这一段经历，她的朋友、邻居们也对这家商场没有了好印象。

李嘉诚说："我绝不同意为了成功而不择手段。如果这样，即使侥幸略有所得，也必不能长久。"他还经常对下属说："做生意要以诚待人，不要投机取巧。对顾客许诺的事，无论遇到什么困难，也要千方百计地履行承诺。赢得顾客的信赖，比什么都重要。"

做生意，积累信誉是非常重要的。商家一定要对自己说出的每一句话、做出的每一个承诺负责到底。因为，一个企业有了信誉，就有了市场，也就赢得了利润。不注意自己的信誉，在经营中欺骗顾客，到头来只能是关闭企业利润来源的大门，正所谓"搬起石头砸自己的脚"。

在现实中，常会上当的人不多，顾客是最聪明的，也是最公正的。只要他觉得在你这里消费的时候上过当，那么，日后他定会远离。而且，他一定会把他上当的消息告诉每一个他所认识的人。这样一传十，十传百，商家的名声就臭了。其结果必然是，你的店铺顾客稀少，生意清淡，甚至关门了事。

近日，消费者维权网上刊登了一篇名为《花卉消费暗藏玄机，盆花买来一周就枯了》的文章，被花卉苗木类各大专业网站纷纷转载。该文以福建省泉州市几位花卉消费者的买花经历及撰文记者的“明察暗访”，发现盆花易死系人为所致。

原来，是一些“黑心”花店老板为了加快销售周期，在盆花中做了手脚。

为了加速盆花的死亡，花店老板可谓费尽心机。他们给盆花盆景过量施肥。把花从种植大棚取出或者从外面批发进来后，在装盆的时候在盆底多加点花用复合肥，这样花就会因为吸收过量的营养而枯萎死亡。

另外，许多花贩为了给鲜花一个好卖相，大量使用有害化学药剂，比较普遍的就是使用亮光剂。有花店用矮壮素、亮光剂等化学药剂喷洒植物，让花卉开得更加鲜艳，让叶子油光发亮。但如果化学药剂已被植物吸收，将大大缩短鲜花的寿命。

姑且不论这些“黑心”花店老板这么做是否违法，单凭他们这么做的动机，就已经显现出这类商人贪婪无度的奸商心态。面对商家的这些短视行为，花卉消费者会有什么反应呢?

长期养花的人，会把花卉当作人生中不可或缺的朋友。同时他们对盆花的养护方法自然是了然于胸。假如三番五次地在花店里买到“中途夭折”的花卉，他们会猜出是花店的花卉有问题，就会逐渐减少盆花的购买量。这无疑使花店经营者损失掉一批购买花卉的中坚力量。

偶尔买一两盆花消遣的消费者群体，他们的花卉消费力量也不容小视。这类消费者有潜在的持续性消费的可能。假如他们刚开始时就能把第一盆花卉养好，那么只要家里空间足够，他们会很乐于再养几盆花。相反，假如许多初养花者屡屡“碰壁”，养的花卉一盆接着一盆死亡，那他还会持续不断地去养花吗?

无论花卉消费者是否知道盆花死亡的真正原因，他们都会减少这类盆花的消费，花店老板所谓加快销售周期的如意算盘恐怕无异于“搬起石头砸自己的脚”。

有些商家，不管是否对顾客不利，也无论对自己的名声造成怎样的印象，大肆地做一些损人利己的事，最后的结果却是让自己蒙受更大的损失。

所以说，既然商家是为了盈利，就要以正当的手段去盈利，比如搞实实在在的促销，做各种各样的推广……切不可只看到眼前那一点小利，去玩弄顾客，最后让自己得不偿失。

9. 偷懒骗老板，最后受害的还是自己

纵观古今中外，许多成功的人并不一定天赋很高，但是，他们无论身处什么环境，什么情况下，都主动学习，自觉努力，使自己最终一步步走向成功与卓越。而反观很多天赋很高的人，尤其是那些办公室里的白领，如果逃离了老板的监督和控制，便总是想赚得多，做得少。于是，他们一再地放任自己，偷懒，耍滑，而最终却把自己的前途算计了进去。

周建在某知名日本公司负责售后服务，空闲的时候，喜欢到宁文才的球馆打网球。并且，他偶尔会在上班时间约球友打网球，大家都没空，以至于他只能和做教练的宁文才打。

有一天，打完球一起喝咖啡，宁文才问周建：“你怎么能在管理出名严格的日本公司里溜出来打球?”周建很自然地回答说：“我们公司有几个大客户在外地，公司时常派我去检查已经卖过去的设备。但设备质

量不错，很少出问题，于是我就顺水推舟地谎称去外地出差，实则猫在家里休息。这样一两年来已经虚拟‘出差’了十多次了。”

宁文才惊讶于周建如何能撒这样的弥天大谎。而周建便毫无歉意地解释，他自有办法开到旅行社的机票、发票和出差地的吃住行的发票。他还乐呵呵地说：“这些报销的收入几乎跟我的工资一样高了。”

几周后的一个周日下午，周建又来打球，大家打趣地问周建：“现在在哪儿‘出差’?”他说：“在厦门，周一才回公司。”未几，他突然接了一个电话，继而声色紧张地走开，一会儿回来，面如土色。

大家问他原委，他说是老板来的电话，问他在哪儿，他轻车熟路地回答说在厦门。老板说他也在厦门，正好可以和他开个会。周建脑筋急转弯一般地迅速说：“我在机场，正打算回去。”谁知老板说他也在机场，可以在机场开个短会。走投无路的周建只好说出真相，老实交代他并没有去厦门出差，但又撒了一个新谎说是因为家里有事。

两周后，宁文才和周建在球场见面，周建说，他已被炒了鱿鱼。说起之前的“机场巧合”，原来并不是真的，是老板察觉到了他的“出差骗局”而将计就计设的局，这下他可以天天“名正言顺”地在家打球了！

就算你不在老板的眼皮底下工作，但是，这并不意味着他完全失去了对你的监督。就算是你运气好，算计得精，瞒过了老板，但是长久下来，你也形成了一种惰性，在业务能力上也会逐渐下滑。相信，一个没有业绩的人，在公司里是不会受老板欢迎的。

作为一个公司员工，就算老板不在身边监督你，也不应该放松自己。因为，只有发自内心的勤奋和努力，才能让你在工作中做出更可喜的成绩。不要以为你的工作只是为了做出样子来给老板看，老板要的是实际业绩和工作效果。

“慎独”是一个古人修养的概念，意思是说，当你一个人独处的时候，更要注意自己的品德和行为，不要因为无人知道就放松自己，甚至放纵自己。很多人就是因为不能够“慎独”而出了问题。

工作的主动性是员工的必备素质。无论趁机偷懒还是谨慎无奈地继续自己的工作，都不是正确的做事方法。尽管后者仍然努力，但那也只是防止有人打小报告，告自己的状而已。被动地工作最多能够完成老板交代的任务，然后心安理得地拿自己的薪水，对一个优秀的员工而言，这样做是远远不够的。

优秀的员工之所以努力工作，并非只是为自己的饭碗与薪水，他们有更高的需求。把工作简单地视为换取劳动报酬的想法是低级的、短视的，有望成就事业的人永远不会把眼睛停留在薪水上；与此相反，他们把工作当作一项事业来做。

姚月刚从那个偏远山区到城市打工的时候，由于没有什么特殊技能，于是选择了餐馆服务员这个职业。在常人看来，这是一个不需要什么技能的职业，只要招待好客人就可以了。许多人已经从事这个职业多年了，但很少有人会认真投入这个工作，因为这看起来实在没有什么需要投入的。

而姚月却恰恰相反，她一开始就表现出了极大的耐心，并且彻底将自己投入到工作之中。一段时间以后，她不但能熟悉常来的客人，而且掌握了他们的口味。只要客人光顾，她总是千方百计地使他们高兴而来，满意而去，不但赢得顾客的交口称赞，也为饭店增加了收益，因为她总是能够使顾客多点一至二道菜，并且在别的服务员只照顾一桌客人的时候，她却能够独自招待几桌的客人。

就在老板逐渐认识到她的才干，准备提拔她做大堂经理的时候，她却婉言谢绝了。原来，一位投资餐饮业的顾客看中了她的才干，准备投资与她合作，资金完全由对方投入，她负责管理和员工培训，并且对方郑重承诺她将获得新店25%的股份。

几年后，姚月不但有了一家属于自己的酒店，并且把它经营得红红火火。

所以，我们一定要记住一点，老板不在绝不能成为你偷懒或放松自己的理由。恰恰相反，你应该将之视为一个机会、一次考验，在严格自律的同时，锻炼一下自我鞭策的能力。

另外，只有自动自发地工作才能完全释放你在工作中的热情和能力。自动自发是一种对待工作的态度，也是一种对待人生的态度。只有当自律与责任成为习惯时，成功才会接踵而至。

第 2 章

Chapter2

别在沟通时呆板无知，也别在交际中过于圆滑

为人处世不能太过圆滑，说的话太多了，吹得牛太大了，总会招来别人的唾弃或者鄙视。但是，做人也不能太过呆板、柔弱无知，当开口时不敢开口，当热情的时候却还是板着一副面孔应对，这样做也无疑是自断人脉。

1. 附和也有技巧，别一味点头称是

人们在与别人聊天的过程中，如果处处持反对意见，对方会觉得你太固执、太主观臆断、太坚持己见，自然不会受欢迎；反过来，有些人说话又总是“嗯嗯啊啊”，不发表一点自己的意见，像个应声虫似的，不管对方说什么，都不假思索地应声附和，这样不但会让人觉得你虚伪，对方还会觉得你对他的谈话没有兴趣，所以才会只做敷衍的赞同。

那么，怎么做才能既附和了别人的意见，又不让人觉得是假意恭维呢?

某工厂，在一次班组评优会上，刘伟列举了胡敏的三个主要事迹，认为他应当评为先进工作者。有目共睹的三个主要事迹为：一是本职工作做得出色；二是帮助小赵排忧解难；三是业余助厂搞推销。有人持反对意见，一点是小赵同胡敏在同一车间，他们是朋友，理当相互帮助；另一点是搞推销，接受了厂里的奖金，个人能够获利，他当然愿意做。

这事情议论开了，有人同意，有人反对，莫衷一是。汪青站起来说：“胡敏与小赵是好朋友，这是事实。帮助同一车间的朋友解决困难，让他更好地为厂工作，这当然也是乐于助人精神的体现。推销按规定拿奖金，这也是事实。大家想，如果人人都能像胡敏那样关心工友、关心工厂，我们厂不是搞得更好了吗?”一席话，说得大家心服口服，意见得到了统一。

汪青的话显然是附和刘伟的，即赞成胡敏为先进工作者。但汪青不是简单地表个态，而是从事理上讲清赞同的理由，统一了大家的认识。

这件事告诉我们，赞同性附和除了明确地表明自己的观点外，更重要的是讲出道理来，而且要具体，要实在，要有自己的见解。

有些场合一个人发表意见，代表了在场人的看法，这就会有附和。“我同意”“我也赞成”之类，容易失之于简单和俗套。但是，如果你把自己的想法说出来，让大家了解，你即使是附和，但却自有附和的道理，这样也就容易被大家接受和认可。

还有一点，在附和的同时，尤其是一些劝慰性的附和，一定要分清是非，明白说话一方的心理，切忌不了解情况就盲目附和。

有一次，几个老朋友——张静、徐帆、任华在一起聚谈。几个人海阔天空地神聊一会后，扯到小孩的读书情况。张静感叹道：“我家小孩别的都挺聪明，就是读书怎么就不开窍，初中读了一学期，还弄不清负二加一等于多少，这样下去，以后还怎么考大学。”

众人顺势劝慰开了。徐帆附和道：“这小孩实在读不来书，不是读书的料子，他在别的上有天赋，你就让他学点什么技术……”徐帆的话还未说完，张静就有些不高兴了：“连大学都考不上的人还能学啥技术，再说，我也就这么一说，他是不是块读书的料，现在也不能断定呀！”

任华这时才附和说：“你和你老公都是生意人，忙着赚钱就忽略了小孩。小孩读不来书都是父母的责任，再说那孩子随你也聪明，以后你们要多操心，孩子自然会读好书的！”张静也由忧转喜，她们便继续聊天。

无论是对朋友或者同事，在做劝慰性附和时要因时、因人而异，不应简单地类比或草率地安慰，那样只能把话说糟。劝慰不成反招怨，就事与愿违了。

再比如，在一些访谈节目、实地采访、征询意见、日常交谈时，有问有答，这里面就常有应答性附和。有些记者就非常会运用技巧来附和，不但能套出当事人的话题，还能让人感觉与其聊天非常愉快。

有一次，一位日报记者到农村实地采访，发现有片土地抛荒的现象，便向种粮的农民作调查。几位农民朋友嚷开了："化肥涨价，农药涨价，其他农用物资涨价，涨得叫人受不了。""辛辛苦苦种一年地，不如人家外出跑一气。"这位记者附和道："是这样，大家讲的是实情。"记者接着说，"不过这位朋友说'种地'不如'外出跑一气'倒也启发人。种田人抽空外出走走，掌握些信息，比较比较，换换脑筋，包括农闲外出做些挣钱活儿，也不失为好办法。面向市场嘛，对不对?"说得在场群众频频点头。

瞧，这位记者就非常懂得"附和"的技巧，首先他肯定农民朋友反映的是真实情况，得到了大家的首肯，与农民朋友达成心理的共识。但记者没有随之投入一味埋怨的议论中，而是抓住农民话中关于种地和外出打工的比较，引申开来，讲出一段既符合实际，又有启发作用的见解，难怪听的人点头称是了。这比起那些只是简单重复"嗯""对""噢"之类的应答，自然要高明得多。

因此，一个人在与人交谈时，除了要避免与人争辩，在应声附和上也要充分地掌握技巧，这样在交际中，既不会让对方误以为你是个只会随声附和的"应声虫"，也更能体现出你的随和、大度和魅力。

2. 要客套，但不要太“见外”

谁都明白，讲客套，这是我们必不可少的礼仪文化，比如，同事之间相互帮忙你要说“谢谢”；无意间触犯了别人，你要说“对不起”；多年未见的朋友突然见面，彼此要寒暄一阵子……所有这些，如果做的恰到好处，当然无可非厚。可是，如果我们不分人物、场合，太过注重礼节、太客套、太拘谨，那么就会有“见外”的嫌疑，尤其是和那些比较熟悉的人太讲究客套，感情也会渐渐疏远了。

弗兰西斯·培根曾说过：“人与人之间最大的信任就是关于进言的信任。”的确，所谓“见外”往往就是指某种不必要的委婉而与对方造成的一种心理上的隔阂。反而是直言，有时候恰恰是一个人真诚的表现，也是和对方关系密切的标志。

在有些国家，人们不习惯于太多的客套而提倡自然坦诚。例如在美国，主人请你吃饭，如果每道菜上来时你都客气一番，迟迟不动，那么，也许你会饿着肚子回家；如果你是一位进修学者，当指导教授问及你的特长和主攻方向时，你过分自谦，那也许你会被派去做洗试管之类的杂差。

可见，在现代交际中，什么时候要客气，什么时候要直言不讳，往往是影响一个人在交际中成败的关键。通过成功的口才这一媒介，不熟识的人可以熟识起来，长期形成的隔阂可以消失，甚至单位之间、社会集团之间、国家之间的矛盾有时也可以通过它得到解决，若是语言运用不当，除了交际失败，甚至还会损害自身的形象。

然而，不能过分讲客套是我们极力提倡的，但是适当的客气还是要讲的；否则，别人只会以为你不尊重他，或者对他有成见，结果同样会让朋友、同事对你敬而远之。

筱尤和芷婉是一对好朋友，筱尤虽然在芷婉面前就像一只麻雀，叽叽喳喳总是说个没完没了，但是在别人面前却有些木讷、不爱说话。

有一次，筱尤本来打算和男朋友一块去逛街，芷婉非拉着她一起去参加一个朋友的生日配对。芷婉要买礼物的时候，筱尤没让她买，说自己家里正好有朋友送给母亲的一套床罩，非常精致，但是家里还有很多，也用不着，当作生日礼物送给朋友正合适。

于是她们一起拿着礼物到了朋友家里。把床罩送给朋友的时候，芷婉说："看我们送你的礼物还不错吧，哈哈，这可是我精心准备的啊。"筱尤听着芷婉这么说，只是笑了笑，但是心里有些不悦，本来是自己把家里的东西拿来，一起送给朋友的，芷婉却抢了功。

聚会在朋友家里的客厅举办，客厅不是很大，为了腾出更多的空间，朋友把沙发堵在了墙角。沙发上一共坐了六个人，坐在里面的不方便出来。筱尤坐在沙发的外面，拿一些小东西，或者给里面的人倒杯水就成了筱尤的任务。

每次让筱尤做这些，里面的人都有些不好意思。芷婉仗着和筱尤的关系好就替她说："没事，反正筱尤坐在外面。再说，她是个热心的人，你们要什么尽管吩咐她。"筱尤不说话只是笑笑。

等到大家聊得高兴，便没有人在意这些了。芷婉便在一边指挥："筱尤，这里没有水了，过来加点水。""筱尤，把那本书拿过来，我要看。""筱尤，去换首歌听。"本来对芷婉一开始的表现就有些不爽，如今又像个服务员一样听着芷婉的指挥，筱尤心里就更憋了一口气，后来，没等派对结束，就借口肚子不舒服离开了。

有些人，他们为表示与朋友之间的亲密无间，乱用尖刻词语，在别人面前尽情嘲讽朋友；还有一些人，一聚会就忘乎所以，以能言善辩、哗众取宠为乐，或指手划脚、信口雌黄，或在朋友说话时肆意打断。也许这只是简单的表现欲，并无恶意，但没有人天生喜欢做你的观众、忍受你的言语伤害。其实，就算是再熟悉的同事、再亲密的朋友，也需要适当讲究客气，不能随便过头。

比如，你不管什么事都向朋友伸出求援之手，或不问对方是否空闲，是不是愿意，任意支配或占用对方的时间，强行拉她去参加某项活动，这都会使朋友感到左右为难。你或许坚信“在家靠父母，出门靠朋友”，以为这样更显亲近，可你一味地让别人付出，朋友只会想着躲避。因此，一个人不管是在谁面前，熟悉也好，不熟悉也好，虽说不能太过客套、谦让、拘谨，但是起码的客气、尊重和诚信还是要的。

3. 无趣乏味的话题，还不如不说

很多时候，人们在同别人聊天，无论是熟悉或者不很熟悉的朋友，常常觉得无话可说，或者说出的话乏味无趣，让人听着没有与其聊天的兴趣。这样聊下去，只能让人对你的印象大打折扣。

孙明平时跟同学在一起总是滔滔不绝，话特别多，可是，并没有人因此夸他口才好。他常常因说话不着边际、话题乏味而招人烦，没有几个同学喜欢他。

比如，有一次班级里的张华获得了作文比赛一等奖，学校奖励了他一个笔记本。同学们都在向张华表示祝贺，孙明凑过去说：“我邻居大哥在《萌芽》杂志举办的新概念作文里获得了三等奖，他可厉害了，我真羡慕他呀！”

平时同学们讨论问题时，他也会插嘴说上一大通不着边际的话，并且东扯一句，西扯一句，说了半天人家都不知道他在说什么，因此大家总是很厌烦地说：“好了，好了，我们都知道你想说什么，能不能不说了。”孙明非常崇拜那些能言善辩的人士，那些人靠口若悬河就赢得了大家的喜爱和尊敬，为什么自己这么能说，却总是让别人反感呢？

他把自己的苦恼向陈老师倾诉了。陈老师是学校“演讲辩论社”的辅导老师，听到孙明的苦恼后，他笑了：“讲话不仅要有话可说，还要把话说到点子上。言之无物说得再多也只是废话，会惹人反感。好口才的标准是，不仅要敢于开口说话，还要言之有物，这样才能显示出你的语言修养。”陈老师让孙明茅塞顿开。从此以后，孙明在与大家聊天时认真倾听，抓住话题，尽量发表一些精到的话题。终于，他留给大家的印象慢慢好了起来。

可见，好口才不是天生的，它更需要你的后天培养。想让自己的谈吐不乏味，而且妙趣横生，你必须要有广泛的知识做基础。如果你的学识够深，知识面够广，那么你与人交谈时候的话题自然就多了，也灵活了。

刘瑾总是羡慕小南有一副好口才，无论是在与同事的聊天中，还是在和客户谈判中，小南总是反应敏捷，对答如流，并能轻易地说服别人。

有一次，小南邀请刘瑾到家里做客，借小南离开的空当，刘瑾便起身在房间到处瞅瞅，突然她发现，小南的客厅有个非常大的书柜，里面是各式各样的书籍，有体育方面的、美容方面的、文学方面的、哲学方面的、社交方面的、时事方面的……她看得有些眼花缭乱。这时她才明白，原来小南之所以不管和谁说话都一套一套的，原来她的这些东西都是从书上看来的啊。

于是，为了提升自己的知识面，她便经常和小南借书来看。之后的一段时间，有些同事发现刘瑾似乎比以前会说话了，于是就开玩笑地说："刘瑾是不是和小南在一块时间长了，也传染了小南的说话本领了。"刘瑾笑笑，其实只有她自己明白，她之所以被同事认为越来越会说话，都是因为她看的那些书啊。

有句话说，"腹有诗书气自华"。的确如此，一个人只有掌握的知识多了，说话才能更具魅力。因此，为了让自己能够出口成章、妙语连珠，那你不妨多参与一些能够提升自身知识面的活动。

比如利用节假日走出家门，走向社会，走向大自然，可以增长见识，陶冶性情，也可以培养兴趣、开放胸襟。旅游是一种开放性活动，交际也是开放性的，两者是相通的。在旅游中，可以直接接触到一些新事物，并且能增加见识。这样接触的东西广了，谈资多了，不仅给以后的交际增加了话题，也能让你的话题变得有趣。

另外，你最好要紧跟时尚，当然这里的时尚不仅仅是服饰的时尚，也是知识方面的时尚，多了解新生事物；也要多看一些报纸、新闻，了解时事，了解社会的最新动态。在社交活动中，大家经常会谈到时事、社会，如果你依然是两耳不闻窗外事，那么你一定无法融入大家的谈话中，就更不用说能妙趣横生了。

当然，我们也要多关注生活，加强生活积累。很多人在和别人谈话的时候，让人觉得他说的都是一些不着边际的话。要想让大家喜欢听你聊天，你就要紧贴生活，因为只有生活才是大家最关注的问题。

无论是知识、阅历，还是情感、生活，只要你能认真地去探索，都不是深不可测的。因此，要想让自己能够妙语连珠，能够激起大家聆听的兴趣，你就要多掌握各方面的知识。

4. “大点声不费电！”

记者在采访郭德纲时，正值郭德纲接一电话，他在电话一头大声说：“没事儿，您说大点声不费电！”娱记把这句话作为“噱头”发表在报纸上，然后被转载在网络上。其实，如果我们除却这种行为的娱乐成分，仔细分析这句话，他说的的确没错。一个人说话声音大并没有什么损失，反倒是声音太小，不但不能给自己以信心，也让人听着费劲。

如果你频繁地出入于社交场所，那么你就应该知道，你在与人交谈、做公众演讲、开会或者与陌生人打交道的时候，说话声音洪亮、充满自信，才更能赢得别人的喝彩和尊重。不然，若你说话总是轻声细语、磕磕巴巴，连自己都听不清楚，还谈什么给别人留下好印象？

有些人，或许觉得自己的说话声音不动听，也害怕说错话，因此不敢在别人面前大声说话。如果你总是在意自己的声音不好听，说话没有力度，那么你越是这么想，你也就越是没有自信，越是容易在公众场合变得结巴。你不要以为声音全是天生的，改不了；也不要以为会讲话、能成演说家的人一定从小就说得一口流利的普通话。其实，一个人是否会说话，说话的声音动听与否全靠后天来塑造。

日本前首相田中角荣，少年时曾患有口吃病，但他不被困难所吓倒。为了克服口吃，练就口才，他常常朗诵、慢读课文。为了准确发音，他对着镜子纠正嘴和舌根的部位，严肃认真，一丝不苟。

试想，一个有口吃的人尚能克服自己的不足，并且在口才上有所造诣，何况我们是一个先天口齿清楚的人。

我国早期无产阶级革命家、演讲家肖楚女，更是靠平时的艰苦训练，练就了非凡的口才。肖楚女在重庆国立第二女子师范教书时，除了认真备课外，他每天天刚亮就跑到学校后面的山上，找一处僻静的地方，把一面镜子挂在树枝上，对着镜子开始练演讲，从镜子中观察自己的表情和动作，把握自己的音调、音量。经过这样的刻苦训练，他掌握了高超的演讲艺术，他的教学水平也很快提高了。

说话是否大声，是否自信，是练就好口才必须把握的。即使你没有动听的声音，你不妨大胆地、自信地把它讲出来。只要你能语速平缓、掌握节奏、声音洪亮，那么你的声音听起来一定非常棒。

我国著名的数学家华罗庚不仅有超群的数学才华，而且也是一位不可多得的“辩才”。其实，他小时候并不善于讲普通话，为了学习讲普通话，他还背了唐诗四五百首，以此来锻炼自己的“口舌”。

瞧瞧这些名人、伟人，他们也并不是天生就是演说家，但是他们敢于挑战自己的不足，并且相信只要一丝不苟地刻苦训练，就能够“一分辛苦成就一分才”。

当然，除了刻苦，大胆、自信地表达才不会让你说出的话磕磕巴巴、词不达意。

但是，有些人只能和最熟悉的朋友谈话，否则，一开口总免不了紧张。比如，有些人在做公众演讲时，他可能觉得在场的人会仔仔细细地分析他所说的每句话，这种想法非常普遍。但事实上，听众们并不会这么做。

下面听你讲话的人不过也是和你一样的普通人，或者你在某些方面比他们还优秀，所以你从心理接受了这种自信，说起话来自然就顺畅得多了。

周渐渐的性格有些腼腆、木讷，在朋友、同事中，也很少见她说话，并且一说话就脸红。她说话的声音就像蚊子一样低，甚至有时候一句话说完了，别人都没听明白她讲了什么。

有一次公司举办年终晚会，每个人都免费参加抽奖，得奖的人到台上领奖的时候必须要发表获奖感言。周渐渐抽到了二等奖，当她上台领奖的时候，面对下面那么多人，她一下子蒙了。主持人要求她发表获奖感言，她支支吾吾地不知道说什么，话筒里传出的声音小得只感觉在嗡嗡地叫。幸好主持人看她这样不好意思，就给她打了一个圆场，替她说了几句就让她下去了。这一次在众多同事面前让她感觉非常丢人，于是她决定要练好自己的表达能力。

她住在公司的宿舍里，每天她比别人都要早起半个小时，一个人跑到操场练习讲话，因为这个时间操场还没有人，于是她就大声的对着自己讲话。后来她发现，其实她越是把声音放大，心理的紧张就越是会缩小。明白了这个道理，平时不管是和陌生人，还是同事、朋友说话的时候，她的声音都比以前要洪亮得多。

后来，同事们都说，周渐渐好像变了个人，再也不会表现得木讷、腼腆。相反，就算是在上司那里，无论是汇报工作，还是会议发言，她都能大声地说出自己的看法和意见。她说，原来提高声音能让她提高这么大的自信。

此后，逐渐的，她在同事、朋友中成了一个中心人物。有人问起她，怎么从一开始的腼腆害羞到现在的从容应对，变化这么大。她说，其实也没有什么，只要大声说话，让大家都听到你的声音，这样就增加了人的自信。

……

其实会说话和拥有自信相辅相成，如果你能大胆地把自己想说的话兜售给别人，这就是一种自信。等你得到了对方的热烈回应，那么你的这种自信就在上升。如果你能一直保持这样的想法、自信，让你的说话声音变得洪亮，声音传达到对方那里，再度征得热烈的反应，这样不断循环，你的自信越来越满，你的声音越来越动听，你的谈话越来越顺畅，你的人气将会越来越提升。

5. 说话老使用一个音调，让人昏昏欲睡

在日常与人交谈的时候，你是否注意过，有些人说话的内容并不是十分精彩，但却非常吸引人；而有些人，即便是说了一个非常有趣的故事，因为自己不懂把握语调节奏，最后让人听了感觉乏味之至。

由此可见，你说话的音调可以让人对你产生极美好的幻觉，也可能会使人产生最恶劣的错觉；它能在你疲倦时，让别人感到你仍“精力旺盛”，也能让别人在你心情不好时，感觉你依然“积极热情”。但要小心，别在你精力充沛之际让人感到“疲乏”，强壮时让人觉得“虚弱”，成功时令人感到“挫败”。

用响亮而抑扬顿挫的声音与人交谈，会让人跟着你的声调起伏而起伏。反之，如果你总是一个音调说下来，只会让人听着有昏昏欲睡之感，无心听你说话，对你的感觉也会越来越差。

有一次，索亚邀请魏岩去参加一个朋友举办的联谊会。在会场里，魏岩没有认识的人，于是索亚逐个把自己认识的朋友都介绍给魏岩。索亚介绍了一位曾经多次在魏岩面前提到过的男士。魏岩心想，这便是我心里一直幻想的白马王子形象：眼神忧郁、说话语气低沉、喜欢音乐……所有的特点都是她喜欢的。

男士也曾听索亚提到过魏岩，知道她是一位摇滚音乐爱好者，并且还是一个文学爱好者，于是男士主动过来和魏岩聊天。

男士说："魏岩，认识你很高兴。"

魏岩还没做好心理准备，因此有些紧张。

"你好!"魏岩说，但是在心里却开了小差，她想，如果她能赢得男士的好感就好了。

男士："听说你喜欢文学？我原来在学校经常给校乐队写歌。"

"是吗?"魏岩想说什么，但是又被自己憋回去了，她害怕自己说错话了，给对方留下不好的印象。

……

这样聊了一会，魏岩不是目光在四处寻找索菲，希望她过来缓和一下她的紧张心理；要不就是心理紧张，总是表情和语言都跟不上。

男士觉得，魏岩是个心高气傲的人，可能对自己根本就没有兴趣，看她说话总是心不在焉，于是很礼貌地找了一个借口离开。

魏岩感觉非常遗憾，原本遇到了一位自己心仪的男士，却被自己错过了。

社交中，无论是与熟悉的人还是陌生人聊天，要想赢得对方的好感，你说话时的表情、语气、语调都是非常关键的。

你语言里所表达的同情、关心、厌恶、鄙视、信任、尊重、包容、原谅、排斥、愤怒、反感、欣慰等，都会难以隐蔽地暴露在面部表情、语调，以及你说话的声音中。因此，我们说话的时候，不仅仅要在语言的内容上下功夫，也要在表情、语气、语调上多注意。

作为语言辅助工具的语调、语气，也能起到和表情同样的效果。比如，妥帖而又富于变化的语言声调，能够增强言语信息的明晰度，所以，声调是交流的重要的辅助手段。

一个人如果善于运用、配合语调、语气，在交流上会为说话的内容增加分量，但是如果把握不好，也会让你更快地失去机会。

一个会说话的人，会通过自己的表情和语调来向对方传达自己的感情，以此让表达更具感染力。比如，跟对方谈论起愉快的事情时，就应该使用明快而爽朗的声调；跟对方谈论起忧伤的事时，就应该使用低沉缓慢的声调；同对方辩论问题或鼓励对方时，就应该使用比解答问题和安慰对方时高出一倍或几倍的嗓门儿。这样轻重抑扬相结合，才便于你表达丰富多彩的内心世界，抒发真实情感。

另外，语言声调不仅表现在你说话时要高低有致，另外它还体现在你说话的速度上。

例如，对于一个复杂的主题，我们需要给予听众更多的时间来消化我们所讲的内容。

在与人讲话时，你要试着调整你的语速，以保证与听者的语速相一致。放慢语速听起来更加成熟和严谨，这表示你在谨慎地选择语言，并使自己的信息听上去更重要。

加快语速会传达一种兴奋、热情和能量。听众需要更努力地跟上你的谈话，因此更迅速地交流也可以引起注意，并更需要集中精神。语速和声调是一种最有效的结合。无论你和他人谈论什么话题，都应该注意让自己说话的语速、语调与所谈及的内容相协调。

当然，除此之外，如果我们口齿清晰、言谈清楚明白，别人会更多地倾听我们的话。如果我们的话含糊不清或言语暧昧，人们就会失去听我们说话的耐心。因此说，一个人说话时的语调、节奏、强度、热情和速度都是可能催人入眠，或者发人深省、使人兴奋、充满活力的关键。

6. 不要太能“说”了，小心吓着别人

很多人在交谈中常易犯这样一个毛病：一旦他们打开话匣子，就难以止住，以为这是表现自己好口才的最好机会。然而，如果有几个朋友聚在一起谈话，当中只有一个人口若悬河，其他人只是呆呆听着，这就会成为一个人的演讲会，让在场的其他人感到无可奈何甚至愤怒。

且不说这样的人，他们自己话说得多了，既费精力，又不能讨好别人，单是给他人传递的信息太多，却不能了解别人的意思，就是对自己不利。

格林先生在某个专卖店看好了一件毛衣，然而，他不知道这件毛衣是否掉色，于是想询问一下售货员。

可是，没等格林先生开口，一位售货员就走过来说：“先生，您喜欢这件毛衣是吗，您的眼光真好，这可是我们刚进来的新货。”

“哦，可是……”

“您放心，我们是专卖店，所有的商品都是厂家统一定价，如果您觉得怕在价格上面吃亏，就完全没有必要。”

“我知道，但是……”

“您还有什么‘但是’的，这件衣服可是外贸货，就这么一件呀。你要是错过了，恐怕整个北京城您都再找不出第二件来。”

“不是，我是说……”

“哎呀，您就别犹豫了。这么好的衣服，价格也不贵。你看看，这件衣服的质量差远了，还两百多呢。三百块钱买这件毛衣可是捡了大便宜了。”那位售货员指着另外一件毛衣说。

“小姐，麻烦你听我说一句好不好，我只是想知道它会不会掉色。不过现在不管掉不掉色，我都不想买了。”然后扭头走出了店门。而那个售货员却还没反应过来，一脸茫然地站在那里。

有人说，做销售的人口才反而不能太好。想想看，口才太好，就容易口若悬河，对方只能干着急——总插不上话啊。一个回合下来，你倒是一吐为快了，可是人家客户就不爽了，想说的话刚要出口就被你给顶了回去，回回欲言又止。结果，你的好口才不足没给人留下好印象，反而吓跑了客户。

所以说，与其喋喋不休地说个没完没了，出力不讨好，还不如让别人来说，满足别人的表现欲的同时，也成就了你的好事。

有一年，美国最大的一家汽车工厂正在准备采购一年中所需要的坐垫布。3 家有名的厂家已经做好样品，并接受了汽车公司高级职员的检验。然后，汽车公司给各厂发出通知，让各厂的代表作最后一次竞争。

其中一个厂家的代表基尔先生来到了汽车公司，他正患着严重的咽喉炎。当基尔参加高级职员会议时，他的嗓子因为肿痛，哑得几乎不能发出声音。他被带进办公室，与纺织工程师、采购经理、推销主任及该公司的总经理面谈。

因为没办法说话，他只好在本子上写了几个字：“诸位，很抱歉，我嗓子哑了，不能说话。”

“我替你说吧。”汽车公司总经理说。后来他真替基尔说话了。他陈列出基尔带来的样品，并称赞它们的优点，于是引起了在座其他人活跃的讨论。那位经理在讨论中一直替基尔说话，基尔只是微笑点头或做少数手势。

然而，令人惊喜的是，基尔得到了那笔合同，对方订了50万码的坐垫布，价值160万美元。这是基尔第一次得到这么大的订单。

后来，基尔跟他的同事们说起这件事时说："我知道，要不是我实在无法说话，我很可能会失去那笔合同，因为我对于整个过程的考虑也是错误的。通过这次经历，我真的发现，让他人说话有时是多么有价值。"

法国有句谚语："雄辩如银，沉默是金。"在我们的生活和工作中，有些时候确实是沉默胜于雄辩。当你把注意力转移到听别人说话上，不仅了解了别人要表达的意思，同时让自己的表达更有针对性，更能被别人接受。

另外，我们知道，每个人都有很强烈的表现欲。比如，小学生对老师提出的问题争先恐后地举起手来，希望老师让自己回答。即使他对于这个问题还不是彻底地了解，只是一知半解地懂了一些皮毛，还是要举起手来，也不在乎回答错了要被同学们耻笑。

这就说明人的表现欲是天生的，因为小学生远不如成年人那样有那么多顾虑。成人们在听人家讲述某一事件时，虽然他们并不像小学生那样争先恐后地举起手来，然而他们的喉咙老是痒痒的，他们恨不得对方赶紧讲完了好让自己讲。

所以，在与人谈判或者聊天的时候，与其自己唠唠叨叨地多说废话，还不如让别人痛痛快快地去说话，这样反而会得到意想不到的成功。除此之外，如果能够给别人说话的机会，你就给人留下了一个好印象，以后别人就会更愿意与你交谈了。

7. 你总是当主角，谁愿意当配角呢

我们都知道，在影视界，大家都争着抢着做主角，因为只有这样，出名的机会才更多一点。而在生活中却恰恰相反，一个有社交经验的人在与人交往中，往往喜欢多听少说，让自己做个好配角，这样既赢得了别人的好感和友谊，也能更充分地了解别人。而最重要的是，这样做的结果使你所办的事情也会顺利许多。

因为，聆听他人说话，并不失时机地加入几句，可以让对方知无不言，言无不尽，而且自己还能获得让对方赞同自己的机会。

伊万是大学刚毕业的经济管理系学生，因为人力考试未能通过，只好在一家小公司当职员。按公司规定，试用期间每一个人在一个月内都要拉到一家新客户。可是他刚离开学校不久，又没有任何的背景，就很难接近客户。

眼看一个月的期限就快到了，他因没有找到新客户，失望极了。伊万愁眉不展地踏入那家公司，看到主任的名片，忽然觉得其名字蛮奇怪的，竟然叫做‘万俟明’。而他恰好又很喜欢看传统小说，以前在看《说岳传》时，书中有个坏人的名字就叫‘万俟乔’。他看《说岳传》时年纪还小，一看到‘万俟乔’三个字，就不知道怎么读，所以特地查了字典。当时他一眼看见这人的名片上写着‘万俟明’，就礼貌地向前称呼他：“万俟先生，我是艾家公司的职员，今天特地来拜访您。”

对方就吃惊地站起来，嘴里结巴地说着：“你……你……你怎么认识我的姓，一般人第一次都会念错，大部分人都叫我万先生。”他高兴

地说道："这个姓可是有来由的，它原是古代鲜卑族的部落名称，后来变成姓氏的拓跋氏就是由万俟演变而来的。"

伊万看到对方越来越高兴，于是接口问道："那您就是帝王之后，系出名门了！"那位万俟明先生听了后更加高兴地说下去："岂止是这样，这个姓氏一千多年来也出了不少名人。"

那位公关主任兴致勃勃、不停地和伊万聊了起来。尽管伊万并未说多少话，只是认真、感兴趣地倾听，但光凭这次愉快的会面，就让他开发出一家财团做客户。这一次，他不但开发出一个新客户，而且还借着这个客户的引荐，一连吸收了十几家新客户。他不但没有被炒鱿鱼，反而晋升成正式职员，薪水也连跳好几级。

作为一个销售人员，在与客户接触的时候，我们首先要明确主客的关系，客户是主角，而我们只是配角。因此，聪明的销售人员知道把"主讲"的位置让给对方，因为他深知"言多必失"的道理。他只须把耳朵掏干净，然后竖起来听，保证不漏掉对方的每一个字，然后快速做出回应，这样有助于我们了解对方的性情、兴趣，方能在业务中取得成功。

否则，在你与人交谈的时候，喜欢处处抢别人的风头，尽可能地去表现自己，即使不说错话，想来这样的人也是不会受欢迎的。试想，别人一句话还没说完，你就迫不及待地插嘴，希望把你的"高明"见解传达给对方。然而，当他还有很多意见要发表时，他不会把注意力转移到你身上的。这样，只会招致他对你得反感，并认为你没有教养。所以，你必需要忍耐地怀着舒畅的心情，静静地听着，而且用最诚恳的态度鼓励他，让他把所要说的话完全说完。

所以说，在我们的生活中，无论是与客户会谈业务，或者是接受领导分配的工作，抑或者和朋友一起闲聊，都要懂得做配角的重要性。每一个人都喜欢叙述有关自己的事，都想美化自己，也都想让对方相信自己的叙述；另一方面，每个人也都想把自己知道、觉得值得炫耀的事情告诉别人。这个时候，你不妨让他“一吐为快”。通过他的说话，你可以很快地了解一个人，使他暴露出他的真实想法。

在听别人说话的时候，虽然我们不便太多地插言，但也不要过分沉默，因为过分的沉默，会使对方不好意思继续说下去。而我们的目的则在于要让对方痛痛快快地把话说出来，了解对方的心意。

那么要当一个好的配角，不仅仅是会听，还要会引导对方说话，在了解对方说话的内容和趋向的基础上，像向导开路一般从多方面协助他，让对方有多开口说话的机会；还要不停地对其结论表示赞同。对方肯说出他的意见，我们就能根据他的意见去分析、透视他的心意。

8. 别让赞美染上“拍马屁”的嫌疑

赞美的话人人爱听，但却不是人人会说。说得好，它仿佛是用一支火把去照亮别人的生活，也照亮自己的心田，有助于发扬被赞美者的美德和推动彼此友谊健康地发展，还可以拉近人与人之间的距离和消除彼此的怨恨；说得不好，倒让人觉得你是在逢迎拍马，难免会对你退避几分。

李成建在科室辛勤工作已经两年了，可是他还是一个普通职员。经过前辈的指点，李成建恍然大悟，经理掌握着这个部门里所有员工的升迁大权，如果李成建想升迁，必须经过经理的同意。而他与经理沟通太少，应该多奉承几句，好让经理为他升迁加薪开绿灯。于是，他开始学着讨好经理。

“你这件西装可真好！我从来没有看到过这么好的西装！要是什么时候我也能穿上这么一件就好了！”有一天，李成建盛赞经理的西装。没想到，经理反倒因为李成建这么长时间来没有注意到自己的西装有些不满：“不是吧，这套西装已经买半年了，难道你没有注意吗？”这让李成建一时无语，不过，经理也没放在心上。

又有一次，李成建在厕所碰到了经理，他一开口便说：“经理啊，您真是个大忙人，我还是第一次看到你来上厕所呀。”经理听了，冷笑一声说：“我上厕所还要给你打声报告不成，你没看见不等于我没上呀。”而在心里却说，“这小子，想拍马屁也不动脑子找个合适的话题。”

赞美的话，如果太夸大其词、不切实际，就很容易让人联想到逢迎拍马。对方不但不会对你的赞美心存感激，甚至还会产生不必要的误解和信任危机。

懂得赞美的人知道，在日常生活中，人们有显著成绩的时候并不多见，因此，交往中应从具体的事件入手，善于发现别人哪怕是最微小的长处，并不失时机地予以赞美。赞美用语越翔实具体，说明你对对方越了解，对他的长处和成绩越看重。让对方感到你的真挚、亲切和可信，你们之间的距离就会越来越近。这不但有助于你的人际交往更上一层楼，还能使你更顺利地开展自己的工作。

美国历史上第一个年薪过百万的管理人员叫史考伯，他是美国钢铁公司的总经理。记者曾问他：“你的老板为什么愿意一年付你超过100万的薪金，你到底有什么本事？”史考伯回答：“我对钢铁懂的并不多，我的最大本事是我能使员工鼓舞起来。而鼓舞员工的最好方法，就是表现真诚的赞赏和鼓励。”说穿了，史考伯就是凭他会赞美人而年薪超过

100 万。

赞美是说话的艺术、合乎人性的法则。适当得体的赞美，会使人感到开心、快乐。一个人只要真正掌握了赞美的方法，在人际交往中就能如鱼得水。可是，你的赞美若带有太明显的讨好之意，就会让人有所提防。所以，赞美的话一定要说得巧妙，最高明的做法是自然而然、不露痕迹。

传说中有个人死了，灵魂被抓到阎罗殿里。阎王对他说："听说你生前喜欢逢迎拍马、送高帽，像你这样的人，就该打入十八层地狱，永世不得超生！"

这人连声大呼："冤枉啊，我冤枉！"阎王怒道："事实俱在，你有何冤枉？"这人说："大王容禀，并非是小人喜欢送人高帽子，实在是凡间的人都喜好高帽。如果每个人都像大王这样铁面无私、刚正不阿，小人是万万不敢送高帽的。"

阎王一听，立刻转怒为喜："嗯，看来你说的倒有些道理。算啦，今天就饶你一命，赶快投胎还阳去吧。"这人心中暗喜："高帽子又送出一顶！"

在赞美别人的同时，我们要掌握一个方法和技巧。首先是要实事求是。这是要求将赞美建立在客观事实的基础上，明明这个人的学习成绩不如人，你却说他"名列前茅，百里挑一，才智过人，聪明绝顶"，他心里一定不会舒坦。

另外，要注意适度，措辞得当。适度的赞美会令对方感到欣慰，肉麻的恭维、空洞的奉承，或者赞扬的频率过多，都会令对方感到不舒服，甚至有可能令对方心生轻蔑，认为你不怀好意，结果就会适得其反。

比如你赞美一个孩子，可以说："你真是个好孩子，又听话，又聪明，将来一定有出息。"这就很有分寸。但如果你说："这孩子绝顶聪明，智慧过人，真是个天才，世上无人能比。"那么在别人看来，你不是有求于孩子的父母，就是他的某个亲人是你的上司。你的这一通赞美，明显就是在溜须拍马。

所以，我们不要小看赞美这门艺术，若能正确运用它，会使被赞美者心情愉快；而作为赞美者自己，也会从中感到快乐甚至感到幸福。

9. 马屁该拍要拍，但小心不要拍到"蹄子"上

人们常常把喜欢奉承他人的人叫做"马屁精"。在我们的生活中，这样的人的确不少。越是这样的马屁精，就越是能在各种环境下吃得开。然而，赞美别人看起来是件简单的事，但若不审时度势，不掌握一定的赞美技巧，即使你的赞美是真诚的，也会变好事为坏事。

所以，赞美的话可以说，但也不能随便说，一定要有的放矢才能起到作用。反之，如果赞美的话说得不是地方，不但不会让对方高兴，还会起到相反的效果。

正如我们不能随便见到女人就赞美她漂亮，见到男人就夸他有真知灼见。倘若这个女人明知自己实在称不上漂亮，而男人知道自己不善于思考时，心里会觉得我们是在笑话他，定会生气。这个时候，马屁就拍在蹄子上了。

同样是赞美人，如果我们能客观一点，实际一点，具体一点，比如一个女人可能不漂亮，你可以说她活泼，说她苗条，或说她健美；一个

男人无所成就，你可以赞美他会生活，夸他懂幽默，或者发掘他的一些特长，等等。当然，人家如果是一个才华横溢、事业有成的大家，你若只说他会持家、懂搭配，势必会遭到他的反感。

近代画家张大千先生，留了一把很漂亮的胡子，人称“美髯公”。由于大家平日只知赞美他的胡子，反而不提他在艺术上的造诣，为此他甚感不悦。有一次，一群慕名者又再大加赞美他的胡子，他终于忍不住说了一个故事。

三国时期，孔明六出岐山，希望找一位主帅。张飞的儿子张苞与关公的儿子关兴争相为帅。孔明难以决定，便要他们二人各自称赞父亲的功劳，以为标准。张苞说：“我父亲大喝长坂坡，能斥退曹操的兵将，能义释严颜；在百万大军中取上将首级，更如探囊取物。”

关兴因为口吃，一直想说其父关公的事迹，但又说不出来，只有结结巴巴地说：“我父亲的胡子很长。”这时关公在云端显灵，生气地大骂：“小子，你父亲过五关斩六将，诛文丑，斩颜良，一世的英名，你不知道赞美，只说胡子很长。”

说话要谨慎，恭维他人的话尤其如此。我们若以为恭维的话不会得罪人，可以乱说，那就大错特错了。不切实际的恭维话、言不由衷的恭维话，都很容易闹出是非。

人的素质有高低之分，年龄有长幼之别，因人而异，突出个性，有特点的赞美比一般化的赞美能收到更好的效果。老年人总希望别人不忘记他“想当年”的业绩与雄风，同其交谈时，可多称赞他引为自豪的过去；对年轻人不妨语气稍为夸张地赞扬他的创造才能和开拓精神，并举出几点实例证明他的确能够前程似锦；对于经商的人，可称赞他头脑灵活，生财有道；对于知识分子，可称赞他知识渊博、宁静淡泊。当然这一切要依据事实，切不可虚夸。

比如，在古典名著《红楼梦》中，王熙凤的口才给人留下了深刻的印象。她不仅八面玲珑，而且能说会道，说出的话能甜到人心里，也因此得到了贾母的宠爱。

在大观园里有这样一幕，史湘云瞅着园里的桂花要开了，便邀请大家到园中的藕香榭赏花吃蟹，史太君也受约而至。

见着藕香榭，史太君忽然忆起往事来，说："我小时，家里也有这么一个亭子，我像你们这么大年纪时不小心掉进了池子里，差点淹死，好容易被救了上来，但头被木钉碰破了，如今这鬓角上那指头顶大的一块窝儿就是。众人都怕经了水，又怕冒了风，都说活不得了，谁知竟好了。"

凤姐立即接过话头说："那时要活不得，如今这么大福可叫谁享呢？可知老祖宗从小福寿就不小，神差鬼使，碰出那个坑儿来，好盛福寿啊。寿星老儿头上原是个坑儿，因为万福万寿盛满了，所以倒凸出些来了。"

贾母落水招灾本是一件痛苦的事，但经凤姐借题发挥竟然被说成了幸事。她把贾母头上的那个坑跟寿星头上盛福寿的坑联系起来，而且说是"神差鬼使"地碰出来的，言外之意是贾母天赐福寿、富贵永存。凤姐的恭维话收到了良好的效果，贾母和众人都笑软了。贾母笑道："这猴儿惯的不得了，只管拿我取笑起来，恨的我撕你那油嘴。"

会说恭维话，且能不动声色地把话说到别人的心窝里，不仅有助于提升人缘、拉近与对方的关系，还会无形中为自己办事申请了"绿色通道"。但是，奉承并不是一味地贬低自己，以此抬高别人。恭维人要自然，不能牵强附会，毫无理由地大肆赞赏对方，那会很容易被对方识穿，最终吃力不讨好，惹人厌烦。要恭维一个人，一定要恭维得既不肉麻也不过分，而且正搔到对方的痒处，这样才算恭维到家。

10. 理越辩越明，关系越辩越远

在我们的生活周围，能够引起争辩的事情几乎无所不在：一场电影、一部小说、一个特殊事件、某个社会问题，只要两者的意见不统一，就会出现争辩。好辩的人总是想要把自己的理论大摆一番，让大家同意自己的观点。

然而，有句话说："理越辩越明，关系越辩越远。"尽管你有伶牙俐齿的好口才，也切忌不要与人争辩。也许你能成为最终的胜利者，也许别人不再反驳你，但对方不一定心悦诚服，你的话说不定还伤了两人之间的和气。一个聪明人不会和别人硬碰硬，而是懂得用理智的说服代替争辩。

二十出头的周智婕在一家广告公司负责广告创意的工作。一天，她将一个多次修改后的新产品广告文案提交给经理，经理拿着文案草草地过了一遍，语气随意地说："你这个创意没有新意，而且表现手法太过直白，我认为把它做得含蓄一点就上档次了，你再重新修改修改吧。"

周智婕知道经理并没有认真看自己的文案，也并不理解自己的用意，但直接反驳经理又不合适，于是她问："经理，我想请教您一下，一个新产品刚刚上市时广告的目的是什么？"经理回答说："让消费者了解新产品。"周智婕穷追不舍："那么，怎么才能让消费者通过广告了解到新产品更多的信息呢？"经理一时不知怎样回答才好。

周智婕知道机会来了，连忙说："经理，我们的新产品目前在市面上还没出现过，对于一无所知的消费者，我觉得如果用含蓄的表现手法会让他们了解得不够全面，甚至是看不明白。我认为这个产品用直接的广告表现手法最好，因为这样能让消费者迅速了解到新产品的特性，印象也更为深刻。不用担心广告不够吸引人，因为我们这个产品本身就是个很好的卖点。"

见经理认真地听着，周智婕接着说道："当然，这仅是我个人不成熟的观点，说得不对的地方还请经理指正，而如果您最终认为用艺术性的表现手法好的话我会拿回去再做一遍的。"

经理见周智婕如此尊重自己，而且其想法的确有可取之处，于是显得非常高兴，当即对周智婕大加赞赏。从此以后，经理对这位初出茅庐的女生另眼相看了，准备重点培养她。两年后，周智婕在经理的提拔下成了部门负责人。

聪明的人会采取间接的、柔和的方式把自己的决定渗透给对方，从主动地提议变成被动地接受。你应该多倾听和征询别人的意见，少做一些不容辩驳的决定和争论，哪怕你觉得自己是对的。再说，有些情况本来就很难说清谁对谁错，所以有些事情再怎么争辩也不会有什么结果，所以聪明人会做一个站在旁观者位置上的当局者。

是的，永远不要与人进行无意义的争辩，那只会引起别人的反感。如果你与人争辩的动机是出于想要证明自己是对的、为自己辩白，或赢得听众的信服，那么，你的行为太自私了，永远不会得到别人的欢迎。

卡耐基说过："天下只有一种方法能得到辩论的最大利益，那就是避免辩论。"爱争辩的人们一定要自己衡量一下，你宁愿要一种字面上的、表面上的胜利，还是让对方心服口服？

在争辩里，也许你胜过了对方，但争辩的一方并不会欣赏你的好口才，反而他会因为你的好辩而对你记恨在心。如果仅仅是为了表面上的胜利丢掉一个朋友，甚至树立了一个敌人，实在是得不偿失。

所以，当你意识到自己的想法、意见与人相左时，当你的言行遭人非议时，你大可冷静地想一想，即使你能最终获得争辩的胜利，它有什么意义？

另外，在与人发生辩论之前，你要明确一点，造成你辩论欲望的是基于理智还是感情原因？因为辩论的实质是探求真理，是理智的。若你是一个比较感性的人，在与人争论的时候，只是因为虚荣，因为面子，这就同辩论的实质——探求真理背道而驰了。

最后，我们要记住一点：好辩的人，即便赢了争论，也会付出失去朋友的代价。所以，为了让你的人际关系得以顺利地进行，请尽量避免与人发生无意义的争辩。

11. 牛皮赢不来别人的尊重

说大话的害处，许多有识之士早已深知。鲁迅先生说过：“我想，大话不宜讲得太早，否则，倘有记性，将来想到会脸红。”这就告诫人们，遇事要采取实事求是的态度，说话要留有余地，千万不要说大话，不要吹牛；不然，说了大话，脸红一下倒也无妨，引出别的事来就不合算了。

山里住着一只狼和一只狐狸。有一次聊天，它们谈到了人，狐狸说：“这个世界上，人才是最厉害的，假如你见到人，千万要赶快逃跑，否则会吃亏的。”

可是，自以为凶猛的狼并不相信，它说："人算什么，我住在这山里已经这么多年，还没怕过什么东西。如果我遇见了人，会毫不犹豫的向他扑去，让他知道我才是最厉害的。"于是它们决定第二天去找一个人证实一下。

第二天，狐狸和狼先遇见了一位老人，但是狐狸却说："他以前是人。"又遇见了背着书包的男孩，狐狸还是摇摇头否定："他将来会是人。"最后，他们遇见了一个猎人，狐狸告诉狼："这是人。"说完自己就先逃跑了。

此时的狼想都没想就扑了过去，结果被猎人打得落花流水。等到狼侥幸跑到狐狸身边时，它痛苦地说："啊，我没有想到人的力量这么大，幸亏我跑得快，要不然我就真被那个人打死了！"狐狸非常不屑地看了狼一眼，冷笑着说："你就会说大话，现在收不回来了吧！"

虽然这只是一则寓言，但是却也非常明确地道出了说大话的坏处。管子说过："言不得过其实，实不得过其名。"历来有许多名流学者，常常引用管子的这句话，作为自己的座右铭。然而，也有的人并不理会这个道理。

据汉代的学者王充的意见，似乎历来忽视这个道理的以书生或文人为最多。王充在《论衡》中指出："儒者之言，溢美过实。"他的意思显然是认为，文人之流往往爱说大话。其实，爱说大话的还有其他各色人等，绝不只是文人之流而已。古人的笔记小说中写了许多说大话的故事，比如明代陆灼《艾子后语》。

赵国有一个方士好讲大话，自称见过伏羲、女娲、神农，及尧、舜、禹、汤等，以致"沉醉至今，犹未全醒，不知今日世上是何甲子也"。恰好当时赵王堕马伤肋。医生说："须用千年动物的血敷上才容易痊愈。”于是，艾子跟赵王说，他听说有个方士，至今已有数千岁了，如果杀了他，用他的血为大王疗伤，一定很快就会痊愈。大王听了大喜，派人秘密抓获了那个方士，并打算将其杀死。这才吓得方士拜倒在地，哭诉着请求大王饶命。他说：“昨日是父母的五十大寿，请来了父老乡亲同来祝寿，没想到酒喝多了，不知不觉言词过度，说了大话。其实，我哪里活过千岁呀。望赵王赦免。”

所有的故事、寓言、历史上的真人真事都在告诉我们，要遵照古人之鉴，从说大话的反面事例中吸取教训。

尤其是在今天，一般来说，有才干的人是值得钦佩和尊重的，所以人们都努力向此方向靠拢，有些急脾气的人便采用了“吹牛”这种手段。在办公室里，他们神乎其神地讲述自己如何有能力、有条件、有资本，还有模有样地描述着成功事例。当然，一般都会在一片“嘘”声中结束演讲。这种可笑的举动，大大影响了他们的工作形象，降低了同事们对他们的信任度。

另外，有些人除了在日常生活中和同事、朋友吹吹牛，为了显示自己的能耐、背景还要跑到客户那边大吹特吹。这样的人不但得不到客户的信任，而且对方表面上和你打哈哈，实际上，从内心根本就瞧不起你。

曾经有个知名的电台主持人到一家上市公司做销售经理，因为这家公司的老总很爱听他的节目，认为他是一个充满生机与活力的年轻人，而最重要的是，他的口才真是一流，所以就破格录取他了。

老总对他抱有很高的期望，以为他的好口才和曾经的名气必定会给他带来可喜的收益。然而，表面上看来，所有的客户都很喜欢他，因为他会讲段子，给他们枯燥呆板的生活带来了乐趣。但是，五个月过去了，他一张订单都没接到。

老总觉得奇怪，于是打电话问其中一个客户的采购总监。还没等老总说什么，对方就笑着说：“听说你们公司招来了个主持人？”老总说：“是啊，都五个月了，您为什么不关照关照他呢？”对方公司的采购总监打哈哈说：“咳，人家说你们公司订单都做不完，我就琢磨着你们嫌我这儿订单太小！”这让老总顿觉哭笑不得，心想原来这个主持人是个吹牛皮的人，如果订单做不完，还招他进来做什么啊！

有些人虽然本身没有什么本事，却偏偏喜欢打肿脸充胖子，在众人面前卖弄自己的才华、财富，大肆吹嘘自己的奢华生活，硬是把芝麻说成西瓜。

然而，我们知道，比起那些大摇大摆张扬卖弄的人，比起那些咋咋呼呼的吹牛者，那些处事低调的人才是最值得人们尊敬的人。

第 3 章

Chapter3

别直言快语掏心窝，也别讳莫如深玩城府

老实人喜欢与人掏心窝子，以为这样也可以换来对方的真心，可是，你虽然不去招惹别人，但是不能不防着别人。因此，做人切忌老实过头，有些话能说的说，不能说的不说；有些事该做的做，不该做的不做。

1. 做人不必城府太深，也忌坦率过头

让我们假设一下，如果你过于忠厚和坦率，别人套什么话都一一作答，等你明白被人利用了，后悔也已经来不及了。

安佳是一家广告公司的中级职员，在公司她有一个名叫陈曼的非常好的同事兼朋友，而且平常有什么话她都喜欢对陈曼说。每逢周末她们还经常相约出来玩，彼此相处得非常融洽。

有一次，安佳跟一个同事一起接待一个客户。中途的时候，那个客户塞给了这个同事一个纸包，说是给的“慰劳费”。同事当时虽然犹豫了一下，但是也没说不要，最后走的时候还是顺便把那包东西收到了包里。同事出来后，示意她不要将这件事说出去，因为这在公司的条例里面是大忌。

这件事过去以后，安佳也没有再提。有一次，安佳和陈曼一起聊天，无意中聊到那位同事。陈曼说：“他的业务能力的确不错，还经常赢得客户的褒奖。”安佳接着话头就说：“是呀，作为一个业务，还有客户给慰劳费，的确是不简单。”话一出口，安佳知道失言，而陈曼又盘问起细节来。

安佳起初并不想说，毕竟公司有明文规定，私下收取客户礼金一经发现，绝对是开除，而且自己也答应了那个同事。可是经不住陈曼的一再追问，于是，她把那天的事情都说了出来，并且反复对陈曼说不要告诉别人。

结果上班的第二天，那个同事就被经理叫了过去。原来陈曼为了自

己能够博得经理的信赖与提拔，把安佳说的话全部告诉了经理。结果，同事被勒令辞退，临走的时候，他还恶狠狠地说安佳真是一个卑鄙小人。

很多时候，轻易相信别人，反而容易上当。所以我们在说话时应当谨慎，以便给自己留一分可以后退的空间。

世界上总有人心险恶的一面，我们要懂得把握分寸。如果总是怀疑一切，拒人于千里之外，说明你不够坦诚；但如果不管对方是什么人，都傻呵呵地跑过去掏心窝子，一厢情愿地以为会收到对方善意的回应，这就只能说你相当幼稚了。

我们在说话做事之时，一定要看清对方是谁，了解他是什么性格，平时做事的特点是怎样的……比如做生意，你不弄清合伙人是什么人，不十分了解他的用意，然后就将客户信息泄露给他，这时他就会甩开你，直接去跟客户做生意。

诚实与愚蠢之间的区别就在于此。这要求我们对待不同的人，说话做事一定要有区别！

2. 实话实说也要讲方法

某项社会调查显示，如果一个人能够在工作和生活中保持实话实说的态度，那么他人的评价会集中在随和、亲切等积极的方面；反之，如果一个人总是谎话连篇，那么他人对他的评价往往是隔膜、有距离感、缺乏必要信任。

然而，话虽这么说，但说实话也是需要讲究方法、场合的。很多时候，你的实话实说不但不会让你赢得别人的信任和好感，反而你的好心会被当成驴肝肺。因此，与人交流时，不要以为内心真诚便可以不拘言语，其实生活中需要些善意的谎言，我们应学会委婉地表达自己的观点，做个受欢迎的人。

出于人性的必然，每个人无论处在何种地位，也无论是在哪种情况下，都喜欢听好话，喜欢受到别人的赞扬。的确，工作很辛苦，能力虽然有大有小，毕竟是尽了自己的一份力量，当然希望自己的努力得到他人和社会的承认；虽然每个人的形象各异，思想各异，但是没有人喜欢听到别人对自己说“你的形象不佳，不太适合学表演”“你的思想太落伍了”。

会处世的人，即使觉得他人干得不好，不适合做什么，也不会直言相对；那些忠直的人，此时也许要实话实说，但这会让人觉得你太过鲁莽直率，容易得罪人。

生活中，有时候还是需要点“谎言”，很多时候实话并不受欢迎。比如甲认为同事乙的衣服难看，便马上对她说：“腿短而粗的人不适合穿这种裙子。”结果，乙脸一红，扭头便走，留下甲发愣。或者甲当着公司经理的面指点丙说：“你的稿子里错别字很多，以后要仔细些。”实话固然是实话，但不久却隐约有人传言，甲惯于在上级面前打击别人，抬高自己……倘若如此，甲恐怕会意识到自己的真诚并不那么受人欢迎，既然这样，又何苦呢？

怎么做才会既表达出我们的真实感受，又不伤害别人呢？正确的思路是：先要学会“顺情说好话”。

其实，现实生活中经常见到“说谎”的人，比如朋友让你看一下他新买的衣服，明明你不喜欢，但是如果你说不好看，只能打击他的自尊心，于是你只好说：“很好看，并且非常适合你。”

同事做了一个项目，明明非常普通，他还要拿到经理那里去显摆一下。为了不让他去丢人，你如果说："你的这个项目一点创意都没有，还是不要给经理看了。"这样，势必让他对你产生反感。于是你只好说："很不错的想法，不过，最好自己再修订一番，然后拿给经理看也不迟。"

一个相貌平平的朋友，非要去参加选美，如果你直接阻止她，她不但会认为你不懂欣赏她的姿色，反而会觉得你根本就是在嫉妒她。所以你只能说："你的形象毋庸置疑，但是选美还会牵扯到其他很多事情，你最好再考虑一下。"

所以说，真诚并不等于不假思索地将自己的感觉和想法说出来。很多时候，你的想法是否正确也尚是一个需要判断的问题。在日常生活中，人们对事物的看法都属仁者见仁，智者见智，本无所谓对错，比如个人的衣食住行、穿衣戴帽、兴趣爱好，等等。如果你仅仅以个人主观喜好来评判一个人的想法、态度或者行为，那么，你的实话实说只能让别人对你产生不好的印象。

3. 你的隐私和过去最好留给你自己

《道德经》中有这么一句话："鱼不可脱于渊，国之利器不可以示人。"如今却有许多人，特别喜欢在别人面前卖弄自己，装腔作势，以为这样就会比别人能力高强。殊不知，越是卖弄，越是向别人全盘展露自己，就越暴露出了自己的无知。

轻易在别人面前暴露自己隐私和过去的人是愚蠢的，常常使自己陷入被动、不利的境地。

李勤出差的时候在火车上遇见一位“港商”，二人一见如故，互换了名片。这位港商在举手投足之间都显示出一种贵族气质，这使李勤对其身份毫不怀疑。恰巧二人的目的地相同，而“港商”又对李勤的产品非常感兴趣，似有合作意向，李勤便与之同住一个宾馆，吃饭、出行几乎都在一起。

来之前，李勤与一客户谈成了一笔生意，取出大笔现金放在包里。为了表示对对方的信任，李勤把这些也都和对方和盘道出。午饭后与“港商”在自己屋里聊天，不久李勤起身去卫生间，回来时出了一身冷汗：“港商”和那个装满钱的皮包都不见了！李勤赶紧报警，几天后案子破了。罪犯被抓获后李勤才知道，原来他并不是什么港商，而是一个职业骗子。这让李勤对自己轻易相信他人、交出自己底细的做法痛悔不已。

其实，在我们的生活中，这种被人摸清底细钻了空子的事情时有所闻。而“港商”的骗术仅在于他交出假心，以此诱骗你交出真心；而你却不知江湖险恶，就“实心眼儿”地什么都对他说了。所以，在这一点上我们有必要吸取教训，换一种做人态度。

有句话说“逢人只说三分话”，不是不可说，而是不必说、不该说的尽量不说，这只是为了让你提高自我保护和防范的意识。

林婉和小青是一对好姐妹、好同事，两人一块吃饭、一块做事，简直是形影不离。小青性格比较豪爽，心里总也藏不住事，自己有一点小秘密她都会对林婉说。说起自己的男朋友，小青总是很得意的样子，说他长得帅，又能干，又有才，家庭条件也好，并且最关键的是对她特别好。但是，男朋友在外地上班，只有在休息的时候或者假期，他们才能见上面。

林婉见过她的男朋友几次，的确如小青说的那样，个子高，长得帅，有风度，正合林婉的梦中情人形象。于是林婉在心里对小青生出了嫉妒。

有一次，小青和男友吵了架，冷战了两个星期，为了发泄一下自己心里的怨气，她把这些都和林婉说了，最后还不忘说一句："他表面一副谦谦公子的样子，对自己的女朋友却不能低个头。"林婉是个有心计的女孩，她一听小青这么说，就知道小青的倔强意在等对方先认错。她刚好要到小青男朋友所在的地方出差，于是主动对小青提说要不要帮她去看看她的男朋友。小青虽然豪爽，却也单纯。为此，她非常高兴地买了礼物让林婉帮忙带去。

之后，林婉便经常借机和小青的男朋友接近。因为知道是小青最好的姐妹，小青的男朋友也并没有在意。但是时间长了，两人都对对方产生了感情。等到小青知道，一切都已经晚了。小青非常后悔自己的大意，但是却于事无补，只能与自己的密友一刀两断。

城府深的人从来不会将自己的什么事情都讲出来。即便是一个亲密无间的好朋友，该保留的还是要保留。否则，你视别人为知心朋友，把老底全都抖给对方，他却因此而小看你，算计你。所以说，在待人处事中，切记做到"逢人只说三分话，未可全抛一片心"，否则，吃亏受伤害的将是你自己。

而有些涉世不深的人往往受到一点小小的刺激或者听到舒坦的称赞之语，便把自己毫无保留地展现给了别人，轻易就让别人看清楚了自己的底牌，常常让自己暴露了弱点，让别人掌握了自己的把柄。

但也许有人会说，人在社会中必须交际，而交际就必须说话，如果你总是怀疑这个，防备那个，做个"装在套子里的人"，又怎么能广交朋友多铺路呢？还有，人原本也是一种情感的动物，又怎能不向别人倾诉呢？

这种问题就需要由自己来正确把握了。人在交际中，可说三分话，可试探性地交心，以有备无患的姿态开放心怀，这样，才有可能在交际中掌握主动，左右逢源，而光凭老实认真是走不通的。

所以，自古以来，凡是成功者都很少谈论自己或他人，更不会轻易就泄露自己的本性。其实，不论做什么，我们都要见机行事，盲目匆匆地暴露自己的隐私和过去，就等于是和自己过不去；还是给自己一点退路，让别人觉得自己神秘点好。

4. “热心”过度，好心办坏事

在日常生活中，无论是接客待人还是与朋友相处，我们总是提倡要表现出足够的热情，否则就有冷落别人，或者被冷落的意味。然而，凡事都有一个度，热情过头了就会给人一种压力感，失去人与人之间应该保持的距离；热情过头了，常常好心办坏事，给自己的人际关系带来不利。

在和别人交往的时候一定要做到对方能接受的范围之内，不要让你的热情成为你人际交往的负担。在我们向别人表示热情友好的时候，务必要记住，这一切都必须以不影响对方、不妨碍对方、不给对方增添麻烦、不令对方感到不快、不干涉对方的私生活为限，否则，会让人产生怀疑和误解。

比如，你逛街的时候，走到一家商场，女售货员对你冷若冰霜，你就一定会不高兴；但是，她对你异常热情，甚至谄媚似的不停搭讪，顺势推荐自己的商品，你也会感到很不舒服，甚至心里有一种反感。所以，人际交往也是如此，过度热情会给人一种做作、矫情的感觉，让对方找借口离开你。

周鼎是一名销售人员，人不仅沉稳而且深得客户的喜欢，平时也是公司里面的一把手。虽然他的年纪在公司里面是最小的，但是每个月的销售量却比一些老员工还要高。当别人问起他的销售秘诀时，他总会说："鱼是要慢慢收网的。"

有一次，周鼎和公司另外一个销售人员一起去见一个客户，先前周鼎和客户打过招呼去吃饭。在吃饭期间，周鼎只是浅谈了一下生活方面的问题，公司方面的业务根本就没有提及，这可急坏了旁边的同事，周鼎却笑而不语。

出来后，同事一个劲儿地埋怨他不懂得抓住这个时机跟客户讲一下工作方面的事情。周鼎笑着说："你如果那样，客户早就跑了。"原来，周鼎的销售方法跟别人完全不一样。当别人围着客户团团转的时候，周鼎只是淡淡然、冷不防地看好形式收网。他明白，客户通常最讨厌的就是这种热情过度的销售人员，你越是热情备至地向他推荐你的东西，他越是会有意疏远你。所以，周鼎不缓不急，慢慢收网。果然，第二天，那边就又打来电话找周鼎商谈工作了。

或许，有很多人都怕别人冷落自己，怕人际关系搞不好，于是便急于表达自己的热情，经常就是没话找话。但是，他们却忽略了人与人之间感情的培养是循序渐进的。俗话说："路遥知马力，日久见人心。"不到一定的程度，人与人之间的感情是不会变得深厚的。"揠苗助长"只会早早地让彼此的关系夭折。

所以，我们在与人相处的时候，最好要留有余地，过度热情，只会让对方产生疑问而且倍感压力。在一种轻松自在的环境中用一颗淡定的心情话话家常，又何乐而不为呢？

5. 逞口舌之快，伤人伤己

一个真正性格直爽的人常常会赢得人的尊重，可是，如果把这种性格运用在说话上，想什么说什么的人，就不太合适了。倘若因为一句自以为爽快的话得罪了别人，那可不是什么好事。

赵兵生性豪爽，不拘小节，说话更是口无遮拦。从上学的时候开始，他就很少有朋友，但是到底是为什么他自己也不太清楚。

参加工作后，他的性格依然没变，当然，为此依然常常得罪人。有一次，他和同事在公司操场上打乒乓球，对方是初学，球技自然不行。出于好心，他便当教练教起对方来。打球的过程中，他一会说人家“你球打的可真臭”，一会说“你这人看起来挺精明的，怎么学打乒乓球这么笨”“你可真不是块学乒乓球的料呀”。开始的时候，同事一直忍着没开口，最后实在觉得过分了就回他说：“你说话能不能不这么缺德。”

“什么缺德，你笨就笨呗，还不让人说了，真是。”

就这样同事气得转身就走，两人因此弄得十分不愉快。

一句话说的太直接就会让人受用不了，如果能委婉一点就不至有上面这种尴尬发生了。要不怎么有人说，会说话的人说得让人笑，不会说话的人说得让人跳。那些说话口无遮拦的人，说出的话常常就像一把伤人的刀，刺得人家心里流血。对方明知你是好意，也会心存记恨。有一些小心眼的人更会伺机报复。

因此，在复杂多变的社交网中，我们一定要多留意一些自己的口舌，不要为逞一时口舌之快，伤人伤己。

陈梅在一家外企工作。有一天，陈梅和男朋友在一家西餐厅吃饭，两人边吃边聊。吃完饭的时候，他们正要买单走人，恰好看到主管人事的副经理和一个身材高挑的女孩相依着走进餐厅。

陈梅第一眼就看到了他们，她早已知道副经理是有妇之夫，女儿都已经四岁了，而且一向是谦谦君子模样，个人生活很有口碑。陈梅对这样的花心男子一向深恶痛绝……即使这样，陈梅也没有在同事面前大肆宣扬。

这件事已经过去有一段时间，有一次，大家在办公室谈论好男人，忽然有人说主管人事的副经理就是一个重感情、有责任感的难得的好男人，还列举了一大堆的事例加以证明。刚开始陈梅还沉得住气，没有言语。最后，见大家一致认为副经理是个好男人，简直是完美无缺，她实在气不过，就把那天见到的情景添油加醋地向大家叙说了一番。大家听到此，禁不住面面相觑……

第二个月，陈梅就被炒了鱿鱼，副经理还把她喊到办公室，给她看了一张照片，说："这就是那天你见到的和我一起吃饭的女孩，她是我的亲妹妹。"接着，他又拿出一张全家福给陈梅看，陈梅这才发现那两人长得非常相像，但是一切都晚了……

路不能乱走，话不可乱说，否则就会误入歧途，因言招祸。然而，我们往往为出一时之气，逞一时口舌之快，把原本不该说的话说了，等到后悔就晚了。

反思一下，我们是不是曾经历过这样的场景，情急之下一时来不及考虑，某些话冲口而出，顿时让周围的人变了脸色？冲口而出的话可能伤害了所爱的人，也可能无心之语让你在工作场合屡屡树敌，甚至面对上司也可能说错话。如果你经常这样口无遮拦，难免日子过得跌跌撞撞。尤其是在职场或者社交场所，大家并不会因为你的直爽而标榜你为个性，或者包容你的失误。只要你说的话给别人带来不利影响，人们便会把矛头指向你。

因此，你一定要认识到你的直言直语所要导致的后果。一般喜欢直言直语的人，看问题只看到表面现象，也只在意自己的不吐不快，而没有设身处地地去想想别人的立场、观点、性格以及能否接受等问题。

你说话可能只是随口一说，但是对别人造成的影响却不仅仅是局限于此。它可能会伤及他人的自尊或让人因此感到过分自卑。这个时候，与对方发生争执或者被记恨在心，日后对你伺机报复，成了一个必然的结果。

当然，也不是非要让你杜绝直爽，变得假意虚伪，只是很多时候，我们要适时地掌握一下运用它的场合和方式。

一个聪明的人要学会运用自己的思维，合理地处理人际关系，这是保持自己的人格魅力的必备条件。

6. 看透不说透，点到为止

在我们的日常生活中，每个人都是爱面子的。所以，我们要想在这样的人性丛林里求生存，必须了解到这一点。

即使你口才如何了得，观点如何独到，知识如何渊博，当你在某些场合看穿了别人的劣势，看到了别人的不足，也只能点到为止，尽量把台阶留给别人；切不可为了展现你的才华，逮到机会就大发宏论，咄咄逼人，把别人批评得脸一阵红一阵白，而自己则大呼痛快。其实这种举动正是在为祸端铺路，总有一天会吃到苦头。

事实上，面子问题基本上就是一种互助，给人面子也是给自己面子。如果你有意保住别人的面子，别人也会如法炮制，给你面子，彼此心照不宣，相互搭台。

有位文化界朋友每年都会受邀参加某单位的杂志评鉴工作。这工作虽然报酬不多，但却是一项荣誉，很多人想参加却找不到门路；也有人只参加一两次，就再也没有机会了。有人问他为何年年有此“殊荣”，他在年届退休，不再参加此项工作后才公开秘诀。

他说，他的专业眼光并不是关键，他的职位也不是重点，他之所以能年年被邀请，是因为他很会给人面子。

他说，他在公开的评审会议上一定把握一个原则，多称赞、鼓励而少批评；但会议结束之后，他会找来杂志的编辑人员，私底下告诉他们编辑上的缺点。

因此，虽然杂志有先后名次，但每个人都保住了面子。而也就因为他顾虑到别人的面子，无论是承办该项业务的人员，还是各杂志的编辑人员，大家都很尊敬他、喜欢他，当然也就每年找他当评审了！

人无完人，金无足赤，凡夫俗子，谁能无过？倘若错误不明显，无关大局，其他人也没发现，你也不妨装聋作哑。如果对方的错误明显，确有纠正的必要，最好寻找一种能使当事人意识到而不让其他人发现的方式纠正，让人感觉当事人自己发现了错误而不是别人指出的，如一个眼神、一个手势甚至一声咳嗽都可能解决问题。

总之，无论如何，要诀就是看透不说透，给别人一个台阶下。

徐少佳去参加一个朋友的婚礼，席间有一位年轻人在说明新郎与新娘的关系时，用了“青梅竹马”这个成语。但他为了夸耀自己的博学，还念出了这首诗：“朗骑竹马来，绕床弄青梅。”这首诗是没错的，但是他却把作者记错了，原本是李白所写，而他却说是宋代女词人李清照。

徐少佳是中文系毕业，再加上年轻气盛，见此，她就毫不客气地当着众人的面，纠正那人的错误。可是不说还好，这样一说，那人反倒更加坚持自己的意见了。

于是，两个人开始争论，各不退让。这时候，徐少佳看到自己的大学老师坐在隔桌，高兴地说：“咱们别争了，不如找个专家给评评理。”

那个年轻人也不甘示弱地说：“评理就评理，谁怕谁。”

最后，他们俩一致同意让徐少佳的大学老师评理。徐少佳满心希望老师对那个年轻人说：“你错了，这首诗的作者是李白，不是李清照。”

没想到老师却对徐少佳说：“你错了，那位先生说的才对。”

徐少佳为此感到非常没面子，她不相信老师这么有学问的人，竟也会忘记这首诗。回去的时候，她又去找老师，还未等他说话，老师就说：“刚才你说对了，那首诗是李白写的。”

徐少佳一听有点糊涂了，纳闷地问：“那刚才你怎么说是李清照呢?”

老师看了看她温和地说：“你说的一切都对，但我们都是客人，何必在那种场合给人难堪?”

得饶人处且饶人，退一步海阔天空。聪明的人知道什么时候该静静地面带微笑地听别人说，知道什么时候该给别人打圆场，知道什么时候该见好就收，不让对方有一点的尴尬！

俗话说，打人不打脸，其实也不过就是体现了一个面子问题。没有哪个人是不爱面子的，所以在一些无关紧要的事情面前，尽量不要轻易伤及别人的面子，这是过来人的经验之谈。你维护了别人的面子，也是维护了别人的尊严，这不仅会让对方因你的大度而感激你，也充分表现了你的英明和自信。

面子在我们的生活中已渗透到方方面面。如果我们把关于面子的学问灵活运用，举一反三，相信你不论在哪种人际关系的处理中都会得心应手，游刃有余，你的路也会因此越来越宽，越来越平坦，越来越开阔。

7. 多绕个弯子，少碰个钉子

我们都知道，两点之间直线最短，但往往这直线之间的路程充满险阻。无论是求人办事，或者与人相交，能绕个弯子，做起事来就比较轻松。

尤其是对于那些比较棘手的事情，直接说了恐怕被人拒绝。这个时候，如果把同样的意思用比较委婉、温和的语气说出来，不但让听的人受用，自己也容易办成事情。

绕弯子的威力的确很大。它让你免遭被拒绝的尴尬，而且还让你得到想要的东西。聪明人早已懂得了这其中的奥妙，方能说话滴水不漏，做事无懈可击。

在南朝时，齐高帝曾与当时的书法家王僧虔一起研习书法。有一次，高帝突然问王僧虔说："你和我谁的字更好？"

当然，这问题是比较难为王僧虔，说高帝的字比自己的好，是违心之言；说高帝的字不如自己，又会使高帝的面子搁不住，弄不好还会将君臣之间的关系弄得很糟糕。

王僧虔的回答很巧妙："我的字臣中最好，您的字君中最好。"皇帝就那么几个，而臣子却不计其数，王僧虔的言外之意是很清楚的。高帝领悟了其中的言外之意，哈哈一笑，也就作罢，不再提这事了。

在许多场合，有一些话不好直说，不能直说，也无法明说，于是旁敲侧击、绕道迂回就成为人们所采用的方法。

绕弯子就是含蓄暗示的说法，这种说法比较和谐，比较艺术，不伤面子，不让人尴尬，还不给自己制造麻烦。日常生活中，人们也经常用到这样的说话方式。比如说，有朋友欠你几千块钱很长时间没还，你又不好意思直接和他说要钱，怕伤面子和感情。怎么办呢？你可以和他说最近想买一样东西，差点钱买不上；或者说和别人借了钱，还不上了挺闹心的……这样一说，朋友自然明白了你的意思，也不会因为你的暗示而伤了和气。

也有些人，总觉得说话办事绕圈子就是虚伪，有心计。其实，换位思考一下，有谁愿意听你不假思索的伤人话语，还对你保持良好的感觉呢？

说话办事绕弯子，它是一种与人相交的必要手段。也许有些人不以为然，总觉得自己坦荡荡，说的话都是真实的。但很多时候，这种直言不讳的行为会招来别人的厌恶和反感，所以，适当改变一下做事、说话的方式，会为你带来意外的收获。

8. “硬”话也要“软”说

一句话有许多种表达方式，如果你用最直接的方式说，就容易最直接地刺激了对方的神经。反之，如果你把同一句话加工一下，用柔软和气的口吻说出，这种刺激就会随着你的语言和语气的变化而变淡。

因此，一个聪明的人，他不会因为自己的无意造成对别人的心理伤害，当然，更不会因为自己的无意，让自己处于非常尴尬的位置。他常常会在说话上下功夫，他懂得怎样把硬话也说得让人听了如沐春风。

有一位顾客去一个小超市买一包烟，当那个女售货员递给他烟的时候，他说："人家都卖七块，你怎么七块五啊！"女售货员听了很不高兴，因为她知道卖七块五也只赚五毛钱。就说："别人家便宜你就去别人家买吧。"顾客听了很不高兴，转身就走了。

顾客又去了别人家，买了同样一包烟，顾客又把同样一句话重复给这家的售货员。售货员听了笑着说："这位大哥啊，你是不知道，现在什么东西都涨价。以前是卖过七块，可是进货的时候涨价了，我们是没办法呀。"顾客听了也对对方笑笑，然后拿着烟就走了。

在商家和顾客交涉的时候，只要你的货物的价格不是太离谱，再用一些比较委婉的话语解释，一般顾客也都会表示理解，从而购买你的商品。所以，你怎么说话是你成功做好一件事情的关键。

在今天，每一个聪明的人要想在当前充满竞争的市场中脱颖而出，都必须具备非常出色的说话能力。有一些话如果直来直去地说容易得罪人，那么我们就换种表达方式，把话说柔和了、说委婉了，事情进展也就顺利了。

丁虹是某学校的英语老师。有一次，学校统一订学习报，有一些学生没带钱，她便先垫付，然后把英语报提前发给学生们。可是，丁虹帮垫付的那几位同学总是迟迟不肯带钱来。丁虹连续好几天都说："明天记得把钱带过来。"

可到了第二天，还是没人带钱。于是，每天丁虹都要到班上跟学生要钱，时常听到她生气地吼：“怎么回事？你们几个准备什么时候带钱来？”那时，很多学生都觉得丁虹似乎成了逼债的地主，而那些赖着不带钱的学生恰似逃债不还的“杨白劳”。这样的师生关系让每个人在心里都觉得不舒服。但是面对那些总是不交钱的学生，她还有什么办法呢？

不久之后，数学老师魏启明也开始收数学报的钱了，同样的，最后也有几位“老油子”不交钱。因为图书管理员催得紧，因此魏启明也帮他们先垫付了。接着，魏启明也开始提醒那几个学生该把钱带过来了。

说了一次，第二天仍然没人带。虽然魏启明并不在乎这几个钱，要不要无所谓，但作为老师，从培养学生的角度讲，像这样不守信用、丢三落四的习惯也是不容许的。但要怎么说学生才会记得呢？

魏启明没有像英语老师那样向学生“逼债”。他换了一种方式，打趣地对那几位同学说：“看来咱们班有几位同学是想老师把数学报作为礼物送给他们啦，要不怎么过去两天了，还不还老师钱呢？”

其他学生笑了，魏启明接着又说：“明天记得哦！否则我要收利息了！”话刚说完不少学生就在问老师：“你收多少利息呢？会不会是200％的利息？”因为那时候刚刚学习了百分数。话题一开，学生们自由地说开去了……到了第二天，那几个学生一个不落地全部把钱带过来了。魏启明心理窃喜，话换一个说法，效果就是不一样。

同一个意思有很多种说法，有直来直去杀伤型说法，有含蓄暗示型说法……比如一个胖子重100公斤，你要说人家“你这体型，怎么跟猪似的”，估计胖子得气炸肺，这就是杀伤型说法！相反，如果你说：“你虽然胖了点，但是你皮肤很好，并且看上去非常可爱。”这样的说法，无疑会让人高兴。

会说话的人之所以受人欢迎，是因为他能够根据不同的情况、不同的地点、不同的人物，变幻自己说话的语气和方式，也就是俗话说的“拐弯抹角”。如果能学到此招，你也能在社交场合进退自如了。

9. 慢说“你错了”，哪怕你出自好意

在与朋友相处的时候，你喜欢直接指出别人的缺点吗？看到下属犯了错误，你会劈头盖脸地批评一通吗？在与同事、同学共事的时候，你是否在他做错了事的时候，不顾时间、场合就当众指出……其实这样做是非常错误的。每个人都不会喜欢被人指责，即便你是好意。

当一个人犯了错误，如果他自己已经意识到错误，那么他自己首先感到非常不好意思了。而你还当面去指责他，对其所犯错误加以批评，这样狂风暴雨之后，你可能会沮丧地发现，你的“善意”并没有被对方接受，甚至会适得其反。

有一次吉娜去参加同学聚会，去的时候堵车，她迟到了半个小时，结果一进门，和她在同一个城市工作的卫平就开始数落她：“让你早点走，你不走，现在迟到了吧！大家都等了你好久了。”吉娜也为耽误了大家的时间感到非常抱歉，于是对于卫平的指责没说什么。

饭局进行到一半的时候，吉娜发现一对曾经非常要好，甚至就要走进结婚礼堂的爱人如今并没有坐在一起，于是就无意地问了一下。对方表示说分手了，再也没有接着说什么。吉娜知道自己问了不该问的，心里也有些不大好受。等到一会那个女的去上洗手间的时候，卫平就开始说吉娜：“你没看他俩的气氛有点不对吗，本来来的时候王一一就有些不高兴，现在你这一说，人家躲到洗手间去哭，你高兴了。”

对于卫平的指责，吉娜简直想对她发火，但是，为了照顾大家，也就忍下来了。之后，虽然她们依然还在一座城市工作，吉娜却很少和卫平联系。

每个人都有自尊心，尤其在人前，被批评总不是什么光彩的事情，因为顾及面子问题，被批评的人自然会不高兴。

但是，为了自己也为了对方，有些错误你不得不指出，这个时候，你最好选择一个适当的时机，在没有第三人在场的时候，委婉地告诉他某些方面做错了，或者某些话说错了。即使是批评，这样也让对方感觉温和多了，并且只要你的批评是对的，让他认识到了他的错误，他便很容易接受你的批评。相反，如果你当众指责他的过错，那么一定会将事情扩大，甚至会为你们之间的关系蒙上阴影。

当众指责对任何一个人都是一件很难为情的事情，如果当着好多人的面去呵斥对方，会让人感到尴尬，甚至受伤害。实际上，如果你是抱有好意，希望某人注意某件事，你大可不必用责令的口气。如果你对对方说："你这件事做错了。"对方很可能会没好气地回复你："关你什么事啊!"如果你说："其实这件事这样做会更好点。"那么你既指出了她的错误，又给了她建议，并且还会让人感觉很舒服。

批评的真正目的并不在将对方批评得体无完肤，彻底地打败对方，更不是为拿别人出气或显示自己的威风，而是为了纠正对方的错误。所以，聪明的人在批评别人的时候，都非常注重选择场合和讲究方式。

20 世纪 30 年代，美国经济危机期间，约翰的家像许多家庭一样陷入了贫困之中。约翰是家中最小的孩子，他的衣服和鞋都是哥哥姐姐们穿小了的再传到他这里，已经破烂不堪。

一天早上，他的妈妈递给他一双鞋。鞋子是褐色的，脚趾部分非常尖，鞋跟比较高，很显然是一双女式鞋。他虽然感到很委屈，但是他知道家里确实没有钱给他买新的鞋子。

他穿着这双鞋子走进学校的时候，一直低着头，生怕遇到自己的同学，笑话自己。可是，突然，他的胳膊被一个同学抓住了，只听对方大声喊道："哎！快来看呐！约翰穿的是女孩子的鞋！约翰穿的是女孩子的鞋！"约翰的脸刷一下就红了，他感到既愤怒，又委屈。

就在这时，玛丽老师来了，大家才一哄而散，约翰也乘机回了教室。

其实，刚才的一切，玛丽老师都看在了眼里，但她并没有直接对嘲笑约翰的那位同学说："你错了。"她知道那样做不但不能让别人服气，反而会让约翰更没面子。于是她想了一个两全其美的办法。

在上她的课时，她先给大家讲了一个有关牛仔的生活和印地安人的故事，大家听得津津有味。玛丽老师有个习惯，就是边走边讲。

当她走到约翰的座位旁边，嘴里仍旧不停地说着。突然，她停了下来。约翰抬起头，发现她正在目不转睛地注视着自己的那双鞋，他一下子又感到无地自容。

"牛仔鞋！"玛丽老师惊奇地叫道，她惊讶地大叫道，"哎呀！约翰，这双鞋你究竟是从哪里弄到的？"

她的话音刚落，同学们立刻蜂拥了过来，他们羡慕的眼神让约翰快乐得近乎眩晕。同学们排着队，纷纷要求穿一穿他的"牛仔鞋"，包括先前嘲笑他最厉害的那位同学。

其实，每个人犯错也都是无意识的，所以当别人犯了错的时候，不要当着众人的面就批评指责，也不要高声地叫嚷。一个精明的人知道，如果你率直地指出某一个人不对，不但得不到好的效果，还可能会对对方造成更大的伤害。

此外，你指责他人不仅伤害了他人的自尊，并且也使自己成了一个不受欢迎的人。因此，在社交中出色的人都明白，用温婉平和的语气，用迂回曲折的方式，批评就会变成劝说了。

10. 隐“优”暴“缺”，成全别人的好胜心

在我们的生活周围，常常有这样一些人，他们事业有成，德高望重，但是在与晚辈或者不如自己的人相处的时候，他们却总是有意无意地暴露一些自己的缺点。诸如，忘了打领带；吃饭的时候却把筷子掉在地上；故意说一些自己成功之前的糗事……这样一来，许多明明敬畏他的人，却觉得原来他是这样的和蔼可亲、平易近人。

这便是一个聪明人的处事态度吧，他隐“优”暴“缺”，成全别人的好胜心，却让别人更加喜欢他、尊重他，从而获得良好的人际关系。

陈欢年纪轻轻，留着一脸络腮胡子，表面上看起来成熟、严肃。刚被分配到某县城做老师的时候，学生都对他感到有些好奇和畏惧。因此，他给学生上的第一堂课就说：“我的字写得不好看，板书更差。小学时我的书法都不及格，因此我特别害怕在黑板上写字。”以此博得学生一笑，为的是尽快缩短师生之间的距离。

有时，他也会说：“如何，我的领带漂亮吗?”学生就会暗暗在心里想：“这老师真有趣，尽注意些小事，可见老师也是凡人。”学生的心情一下子放松了，觉得他很亲切。此后，学生们都喜欢上陈欢的课，当然他的教学自然就很顺利。

在别人面前偶尔暴露一些无关紧要的小毛病，便可赢得“好人缘”“平易近人”“有亲和力”等美名。这点“心眼”在与人相处的时候，有时候是非常必要的。同样的，比如一位教授在台上演讲，一般来说，听众们对有头衔的大教授都有戒备心。然而，他若在麦克风前打个喷嚏，站不稳，故意表演些小失误，就能缓和原来紧张的气氛。听众看到他这些小的失误后，心里便会想：“同样都是人，难免做出些不雅的事。”于是一种亲切感就自然产生了。

另外，一些在社会上，或者在公司有头有脸的人物，在与和自己社会地位有差距、有自卑心理和戒备心的人初次见面时的会谈是很困难的。对方在居下的位置上，往往心中会有胆怯感，此时，他在心理上自然筑起一堵防御墙。这个时候，一个深谙处世之道的人，便首先让对方树立“自己不比别人差”的观念。当对方发现杰出的权威人物也有许多弱点时，过去对他抱有的恐惧感与防备心就会消失。

曾有一位记者去拜访一位外国政治家，目的是获得有关他的一些丑闻。然而，还来不及寒暄，这位政治家就对想质问的记者制止说：“时间还多得很，我们可以慢慢谈。”记者对政治家这种从容不迫的态度大感意外。

不多时，仆人将咖啡端上桌来。这位政治家端起咖啡喝了一口，立即大嚷道：“好烫！”咖啡随之滚落在地。等仆人收拾好后，政治家又把香烟倒着插入嘴中，从过滤嘴处点火。这时记者赶忙提醒：“先生，你将香烟拿倒了。”政治家听到这话之后，慌忙将香烟拿正，不料却将烟灰缸碰翻在地。

平时趾高气扬的政治家出了一连串的洋相，使记者大感意外。不知不觉中，记者原来的那种挑战情绪消失了，甚至对对方产生了一种亲近感。而这些，其实是政治家一手安排的。

人人都有好胜心，若要联络感情，必先有选择地暴露自己的弱点，因为只有这样，才更突出了别人的自尊与优势，成全对方的好胜心，这样表面上对方胜利了，实际上却是你胜了。

另外，善于选择示弱的内容，在交际中显得也很重要。地位高的人在地位低的人面前不妨展示自己的学历，表明自己实在是个平凡的人；成功者在别人面前多说自己失败的纪录、现实的烦恼，给人以“成功不易”“成功者并非万事顺利”的感觉；对眼下经济状况不如自己的人，可以适当诉说自己的苦衷，如健康欠佳、子女学业不好，以及工作中诸多困难，让对方感到原来“他家也有一本难念的经”；某些专业上有一技之长的人，最好宣称自己对其他领域一窍不通，坦露自己日常生活中如何闹过笑话、丢过丑等；至于那些完全因客观条件或偶然机遇侥幸获得名利的人，更应该直言不讳地承认自己是“瞎猫碰上死老鼠”。

然而，倘若你要面对的是个与你有同性质的某种特长的人，你又希望在他面前隐“优”抱“缺”，这个时候，如果你一味退让，便表现不出你的真实本领，也许会使对方误以为你的技术不太高明，反而认为你无足轻重。

所以你与他对峙的时候，应该适当施展你的本领，先造成一个均势之局，使对方知道你不是一个弱者；进一步再施小技，把他逼得很紧，使他神情紧张，才知道你是个能手；再一步，故意留个破绽，让他突围而出，从劣势转为均势，从均势转为优势，把最后的胜利让于对方。对方得到这个胜利，不但费过许多心力而且危而复安，精神一定十分愉快，对你也有敬佩之心。

争强好胜者未必掌握真理，而谦逊的人，原本就把出人头地看得很淡，更不屑说一点小是小非的争论，根本不值得称雄。你若是有可以与人媲美的资本，却表现得谦逊，往往能显示出你的胸襟之坦荡、修养之深厚。

第 4 章

Chapter4

别躲在角落里默默无闻，也别锋芒太露招人妒

俗话说，酒香不怕巷子深。可是，在当今信息泛滥的时代，这样的观点已经有些落伍了。一个人，如果不懂主动展现自己，推销自己，终会躲在角落一辈子默默无闻；然而，若是锋芒太露，强做出头鸟，难免得罪别人，遭人嫉恨。

1. 躲在角落里默默无闻，早晚会被人遗忘

俗话说，酒香不怕巷子深。其实，好酒也需要包装和宣传，否则，怎么在市场中那些形形色色的同级产品和铺天盖地的广告中胜出？

当然，“好酒”是我们自我推销的前提，因为没有质量的保证，再多的宣传、包装也是空话。而作为新时代人才的我们，既要具备各方面的才华、才能，也要具有推销自己的意识，千万不要只等伯乐来发现自己。

君不见，世界上有很多本来优秀的人，由于不善于自我表现和推销自己，把自己的未来寄希望于伯乐，结果一生默默无闻，还常常悲叹自己的怀才不遇。且不说伯乐不常有，就算是真有伯乐，听不到你的长嘶，怎么断定你是千里马。

在学校的时候，侯庆甲是个十分优秀的学生。他是班上的文体委员、学校调频台的主播，参加过两次全国大学生英语演讲比赛，并获得了他所在城市的三等奖。侯庆甲尤其喜欢英语，作为非英语专业的学生，他在学校的外语系旁听了一年的课，自学了语言学等课程。

毕业后，在求职过程中，侯庆甲却屡屡遭遇失败。让他印象最深刻的一次，是和西南政法大学的一个同学一起去应聘一个外贸方面的职位。当时招聘者只让他们填了一张应聘表格，便把他们打发走了。“他都没看一眼我的简历。”侯庆甲这样跟朋友说。回到学校后，侯庆甲郁闷了好久，他不明白，招聘者甚至对自己一无所知，怎么就知道他不适合这个职位呢？

接下来的一个月，他天天都在跑人才市场，情况依然不好。他已经参加了近十个单位的小型招聘会，都是留下简历后就一直被动地等待用人单位的消息，最终一无所获。

“也许我应该更主动一点。”侯庆甲一直在思考一个将自己推销出去、让用人单位更多地了解自己的办法。经过自己认真地分析和努力筛选，他锁定了那些职位适合自己、是自己想要做的，也能够胜任的招聘信息，然后有的放矢地投递简历，并亲自上门与用人单位的相关负责人接触。终于在第二个月中旬，他找了一份自己满意，并且也不错的工作。

之前那一个多月的求职经历，让侯庆甲也成熟了许多。他跟朋友说：“过去那种酒好不怕巷子深的想法是错误的，每个人都要学会推销自己。特别是在求职的时候，大家都在同一个起跑线上，而善于推销自己的人便将主动权掌握在了自己手中。”

现代社会竞争激烈，人才辈出，专长各异。如果学生们从学校毕业出来，一个个都成了“谦谦君子”，那恐怕真的要怀才不遇而终老一生了。老祖宗那种“桃李不言，下自成蹊”的遗训已经不再适用于今天的社会。如今的快节奏生活容不得观望、等待，以及慢慢地、默默地徘徊，那样只会错失大好的机会。只有抓住机遇积极地推销自己，才能有意外的收获，否则，只是消极地等待他人偶然的发现，终将一无所获。人一旦自我隐藏，不把“香气”散发出来，也只好自我埋没。

当然，推销自己的意义绝不仅仅是为了找一个工作那么简单。你有天大的才能，如果不表现出来，那就不会被发现。比如，你吉他弹得不错，但在别人面前从不弹，没有人会知道；某个观点、某种思想、某条意见，你不说出来，或者说不清楚，那别人怎么知道呢；你才华横溢，能力超强，不在上司面前展现，怎么会得到提拔和重用呢……所有的一切，只有你肯表达、肯展示，才会被人了解，也才会被人发现你究竟有多大的价值。

从古至今，例如“毛遂自荐”等实例多如牛毛。难道你的产品物美价廉就静静地等待被抢购？难道你能力非凡就默默地等待着各大公司的录用信息？诸葛亮不遇刘备，只能是南阳一个农夫，怀才不遇；王猛不逢符坚，只能老死陋巷，穷苦一生。可见，就算你是人才，也需要伯乐的提拔和重用。这个时候，就需要你自己积极主动地自我推销了。

所以说，好酒也怕巷子深。再香的酒，或者说再好的酒，它所散发出的香气是有一个范围的。超出这个范围，人们就闻不到它的香气了。

同样道理，好酒需要包装、广告，现代社会的人才也需要主动推销自己。在角落里坐等别人来发现你，总有一天会被人遗忘。如果希望自己的才华得以发展，就请你走出“深巷“，走到舞台上来展现自己吧。

2. 没有人会拒绝“金牌简历”

早些时候，谁要是找个好工作，便可以从此高枕无忧。如今，铁饭碗的时代早已过去，人们在可以自由选择职业的同时，也失去了曾经抱着铁饭碗就可以终其一生的安全感，唯一可以依靠的便是自己的能力。若是你有过人之处，有一份让人欣赏的“金牌简历”，就算没有猎头公司过来挖你，你自动找上门去，不管哪个企业、哪家单位都不会拒绝你。

某星级饭店招收员工，新的求职者面对是一样的试题，被派去菜市场看土豆。有的应征者很快就回来了，说：“有土豆。”有的人说：“好几个摊子在卖土豆，不会缺货。”有的人甚至嘀咕：“人事干部不干人事，土豆有什么好看的。”

而有个人的回话是：“有土豆，最好的一元二角钱一斤，最差的五毛钱一斤，总量在一千斤左右，这是离此地最近的某某菜市场的情况。”结果不言自明，这个人被录用了。

其实公司的出题，意在考验你是否有过人之处。有些人，对一些简单的东西不置可否，其实，他们恰恰错过了亮出自己的“金牌简历”的最佳时机。

另外，推销自己，就要用自己最擅长的东西、最突出的特色去打动人，使自己成为一望便知、众所瞩目的亮点，相应的，就要努力掩盖和淡化自己的弱点和不足。这个时候我们就需要“包装”一份“金牌简历”。

美国《泰晤士报》的总编辑西蒙·福格早年找工作时，殷切地问人家要不要编辑、记者、校对员、排字工？人家都说不要。一般人听到这样的回答，就会怏怏而去，当作又一次挫折而已。而西蒙·福格没有，他接连被拒绝之后，说：“那么你们一定需要这个了。”福格从容地从包中掏出一块精致的牌子，上面写着：“额满，暂不雇用。”这让人很是意外，但就是这样一块牌子让福格戏剧性地成了《泰晤士报》的一名新成员。

可以说，若没有这块精致的牌子，福格可能就不会成为今日《泰晤士报》的总编辑。也有人会说，无非是事先写好几个字，其实没有什么大不了的，谁不会写这 6 个字。问题的关键是你少想了一步，少写了一句，少运用了一次你的智慧、诙谐，而这些便是充分展示你的“金牌简历”。

成与败的差别看来不大，成功不过是比失败更多点内容、几个微妙的字、几句精彩的对话。然而，这些恰恰折射出人内心的执著坚韧、积极奋进的良好心态，让别人看到了最好的自己，从而使你找到一个展示自己的舞台。

机遇与我们的一生休戚相关，她像一个美丽而性情古怪的天使，忽然降临在你身边，你无需受宠若惊，但一定要慎重对待。假如稍不留意，她就翩然而去，无论你怎么扼腕叹息，再也无法挽回。正如那句古老的谚语：“通往失败的路上，处处是错失了的机会。”作好准备迎接幸运从前门进来的时候，别忽略了从后窗潜入的机会。所以，随时去推销自己，才能不让机遇从眼前溜掉。

郑瑞瑞和两个来自不同城市的文秘专业毕业生同时应聘一家外资企业的秘书，经过两轮淘汰，他们从众多的求职者中脱颖而出。人力资源部经理接见了他们，他说：“恭喜你们，请在这里稍等片刻，马上开始第三轮面试。”说完他离开了办公室。这时，恰好有一位外国客户来拜访，因为经理不在，他也只好坐在这里等待。

郑瑞瑞主动给这位客户倒茶，并用比较蹩脚的外语和这位客户聊了起来。而另外两位觉得，如果这样和他交流起来，万一自己语言上出了错，很容易给别人留下把柄。并且，他们认为自己是来面试的，就没有搭理那位外国客户。等到经理回来的时候，那位客户用非常流利的中文说：“你们这位员工真不错。”

接着，经理又带客户离开，让他们继续等。这时，两位等待面试的同学有些憋不住了，一位说：“这位经理怎么架子这么大呀，就算是我们是来面试的也不能总晾着我们呀。”另外一位接着说：“按理说，我们都已经通过了，这次还有什么好说的，怎么还这么费劲。”

看着两人抱怨，郑瑞瑞安慰他们说：“或许他们是真的着急吧，反正也是闲着，要不我们把这里收拾一下。”然后带头干起来。另外两位坐着没动，并一副不屑的样子说：“你不过是来面试的，怎么就像个主人似的。”

20 分钟后，经理终于回到办公室，然后郑重地宣布：“本公司这次招聘只留用一位，通过这一番对大家的考核，我们决定聘用郑瑞瑞正式加入我们公司。”

公司选人，除了挑选专业能力之外，还看一个人的责任心和做人做事的态度。所以，要想给人留得一个好印象，并在短时间内向一个陌生人证明你的实力，非得使出全身解数不可。如果你已经具备了足够的能力，并充分地把这些都展示出来，相信没有哪家公司会拒绝这样的人才。

3. 必要时要像王婆一样推销自己

我们都知道，谦虚是中华民族的传统美德。我们的先人主张做人不能太过张扬，但是一味地谦虚往往使我们失去很多展示自己、发展自我以及自由选择的机会。

尤其在竞争激烈的今天，过分谦虚就更加不合时宜。所以，要想把自己推销或是介绍给别人，以使自己得到别人的赏识，同时使自己获得发展，我们就应该学学王婆，对自己“吹嘘”一番。

虽然学的是工商管理专业，欧阳的理想却是做一名广告创意人员。

凭着自己的"厚脸皮"和三寸不烂之舌，他为自己争取到了一次机会。

在今年3月的一场大型招聘会上，欧阳相中了一家广告公司，但对方只招聘营销员，并要求是市场营销专业的毕业生。欧阳想，"死马"说不定能医成"活马"，是机会就该争取，于是决定试一试。

轮到欧阳面试时，他没有先递上自己的简历，而是简单自我介绍："我毕业于某高校，大学四年中，我一直担任年级组织部长，有过多次策划大型活动的经验；我精通计算机，又是系刊的主编，对设计、编排等都很熟悉；另外，我每年暑假都在外地一家广告设计公司打工，并用打工挣来的钱付学费。"招聘人员一听，对欧阳很感兴趣，便要求看欧阳的简历。

欧阳仍然没有递出自己的简历，只是询问："我发现贵公司要招聘市场营销专业的学生，我想知道，贵公司看中的是市场营销专业学生哪方面的特质?"

招聘人员告诉他，因为公司要扩大业务，所以需要能开拓市场的学生，他们认为市场营销专业的学生比较专业。

欧阳立刻声明："我的开拓能力很强，大一接手系刊时，整个系刊的运作一团乱，我没课时就寻找可能合作的单位，并争取到一定的资金，将系刊撑了下来。"

看到招聘人员好奇的眼光，欧阳挑了一个自己得意的谈判案例，简单讲了一遍。直到招聘人员再次提出要看欧阳的简历时，他才告诉对方："我们学校没有市场营销专业，我是学工商管理的，但市场营销课，我拿了96分。"

就这样，欧阳拿到了三天后的复试通知单。

当然，推销自己没有勇气不行，但有勇无谋也不行。不敢像王婆一样地推销自己就很难在竞争中入围，而过分夸大自己的才情，则会失去别人以及社会的信任，会使整个推销自己的计划获得相反的结果。

所以推销自己可以说是一种艺术，是一门学问，场合、时机、表现深度、表现方式都要掌握得很好，完美地结合起来。换句话说就是自己的表现该火则火，该静则静，时机的把握特别重要，要学习、思考、策划，要理性地做自己应该做的事，不可过分放大自己的才情，当然更不要过分谦虚。过分谦虚恰恰是淹没了自己的才情，也剥夺了自己争取机会的权利。

清朝年间，有一位在当地也算比较有名望的人，家里有一个女儿，长得楚楚动人，也很有才学。可是这位父亲是一个非常谦虚的人，当别人夸起他的女儿的时候，他总要谦虚地说自己的女儿是个“黄毛丫头”，也谈不上什么才学。

那是一个比较封闭的时代，女孩整日与外界隔绝，整天关在绣楼。所以到底他的女儿长得什么样，有没有才学，只有他知道，外界的人根本无从知道。

结果由于他的谦虚，在别人的心里他的女儿就由天仙般的美女变成了丑陋的东施。结果女儿到了谈婚论嫁的年龄，竟然没有人来提亲，后来没有办法不得不下嫁一个丑陋粗俗的男人。当他的女儿下嫁作他人妇的时候，人们才知道他的女儿原来貌若天仙，可是这个时候还有什么用呢?

不可否认，做人谦虚是一种好的品德，但是谦虚也要掌握一个度和适用范围。如果在了解你的能力的人面前适当谦虚，这样便表现出你的不骄傲、不自满、不狂妄，是对自己才情理性把握所表现的适度谦让。

但是如果将谦虚放大在更宽广的范围，那么谦虚就是对自己的埋没。在别人面前太过谦虚，只能被人认为你是个没有能力，上不了台面的庸人。所以说，在搞清楚自己的分量的前提下，我们要学会当仁不让，一旦发现机会，该出手时就出手，否则机会就会溜走。

4. 想办法凸显自己的不可取代

一个人，若真有过人的本事，有高明的思想，就该想法设法地凸显自己的与众不同，不可替代。否则，你把它们遮掩起来，就只有孤芳自赏的份。有才能，得不到更好的发挥，就等于是堵死自己前进的路。

君不见，当今职场中，一方面，众多大、中、小型企业出现危机，裁员成了压缩成本抵御寒冬的最后武器；另一方面，随着大学扩招后患的漫延，就业市场出现“人才”严重过剩的现象。这两方面的残酷现实直接导致的结果是，找工作的人四处碰壁，有工作的人危机四伏。

当就业危机开始威胁人们的时候，只有那些可能成为不可替代的专业人才的人，才可能找到理想的工作；当企业裁员成为一种趋势的时候，只有那些不可替代的员工才不会被裁掉，才能升职、加薪，与公司一起成长。

艾玛大学毕业后，到一家网络公司实习。可是因为她是本科生，所以公司能提供给她的职位只是打杂的小助手而已。

于是，实习期一过，艾玛没有找工作，而是直升校里的研究生。读硕士的时候，艾玛仍然在这家网络公司。不过她成了兼职，主动要求参与公司里重要项目的开发，公司正好也需要一个懂专业的助理。艾玛很能干，提出了很多建设性的意见，并且她从原来的助理一直做到主要成员，每天忙得昏天黑地，尤其到她要交论文的那些日子，一天只睡三四个小时。

功夫不负有心人，艾玛参与开发的新产品深受市场的欢迎。在庆功会上，艾玛不仅从总经理手里领取了一个厚厚的红包，而且总经理还透露，在艾玛毕业以后有意让她担任总经理助理。

总经理助理这个位置，可是公司里最具有上升潜力的，不仅薪水高，而且因为天天和上层接近，无疑是被栽培的对象。应该说，初出茅庐的艾玛能够坐上这个位置可算一步登天了，说不定几年以后她就是公司最年轻的高层了。

然而，艾玛毕业正式加入了公司的时候，并没有去总经理办公室报到，而是直接进了项目开发小组。这个组的大部分成员都是艾玛原来小组里的成员，一起为开发新产品愉快地合作过。说实话，项目开发组是公司里最忙的，而且以男同事居多，加班、出差一样也少不了。

艾玛虽然学的是这个专业，但从长远考虑，实在没必要来吃这个苦。项目组原来的一个女同事就是因为这个才要求换岗位的。对于艾玛的选择，很多同事都表示不理解。而艾玛却说："能当秘书的人很多，能搞项目开发的人就少了，趁着年轻干吗不拼几年?"

艾玛的选择无疑是高明的，她意在成为公司不可取代的人。

当今企业内部的竞争压力很大，要想保住自己的"饭碗"不丢，拼尽全力还不够，职业人士要想获得长远的职业安全感，必须让自己成为不可替代的人。

在提高工作"能力"的同时，我们还要练就自己的不可替代的"本事"。很多人在工作稳定后，往往会忽视学习，不注重充电和自我提升，因此一旦有风吹草动，就会将自己陷入危险处境。

李新，公司文员，平时工作虽没有什么大功劳，但从来没有犯过错误。突然有一天，人事领导找她谈话，让她把工作交给另一个新同事，同时暗示她说公司正在裁员，她将会是被裁掉的人员之一。李新觉得心里被狠狠扎了一刀，自己勤勤恳恳工作，没想到却成了裁员的对象。

从这家公司出来后，她好不容易又找了另一家公司，职位仍是文员。她担心的是，以后会不会再次被视为裁员对象。

一位职业经理人曾经说过："如果你随时随地可以被其他人取代，那你在这个岗位上就没有价值。"

尤其是那些初到公司的新员工，最初的时候往往工作内容简单，压力也不是很大，这个时候，一定不要忘了个人能力、职业技能的持续提升。一些职场上的过来人都非常坚信一点，你只要坚持提升自己，自我价值就会凸显，就一定是这个舞台上的佼佼者。

人才取胜的关键是我们无法被别人取代的自身优势，真正地认清自己，成功就在眼前。

5. 认为自己聪明的人，才是最愚蠢的人

苏格拉底在拜访过诸如政治家、诗人、技工等后发现，他们虽然在各自的领域非常厉害，其中也有不少人非常博学，但他们却因自觉聪明而不知自己的无知之处。由此，苏格拉底终于悟出，他之所以被说成是最有智慧的人，不是因为自己的知识或技能，而是自知其无知。

在我们的生活中，很多人总是把自己的一知半解当成了全知，因此在社会上，常常找不准自己的位置，而自顾自怜。

一个人聪明、有才华的确是件好事，因为这是迈向成功的有利条

件。但是如果你总是把这当作是向别人炫耀自己的资本，过分展现自己的聪明才华，就等于出示自己的无知，那么你就变得愚蠢了，终究会得不偿失。

有句话说的好："高调做事，低调做人。"聪明人，从来都是低调内敛的，他们从不会自恃有才而骄傲自大，目中无人。在人生的竞技场上，如果你真有才华，也千万别太过张扬你的聪明才智，那样不仅会让你失去更多的朋友，还会招来别人的忌恨。

有一位年轻的研究生，去参加一个大型的学术发表会。这个论坛会议汇集了国内很多高深而且才华横溢的人。在辩论中，一位海外经济学博士对大家提到了一个涉及很广的方案。可是这个方案中有一些涉及法律上的常识的问题被这位博士忽略了。

当博士问大家的看法时，这位研究生起初扬扬得意，因为自己正好看出了他的缺点，为了炫耀自己的知识，他随后率直地说："我觉得您的这份报告中，出现了一些法律上的常识错误……"

就在研究生犹如开辩论会一样滔滔不绝地陈述完后，当时会上所有的人都静默下来，而且似乎连气温都降到了冰点。因为他居然当众指出一个声望卓著、学识丰富人的错误，而让场面气氛极其尴尬。

生活中，几乎我们每个人都希望能得到别人的肯定。特别是偶尔当一些人表现得比另外一些人还聪明时，这些稍微犯了糊涂的人就会产生一种自卑感，甚至产生敌视情绪。因为，谁都在自觉不自觉地强烈维护着自己的形象和尊严，如果有人对他过分地显示出高人一等的聪明感，那么无形之中是对他自尊的一种挑战与轻视，同时排斥心理乃至敌意也就应运而生。

因此，人们自古以来就讲究"守拙"，"守拙"即在别人面前故意装傻，装糊涂，掩盖自己的聪明才智，让别人觉得比自己聪明，以赢得别人的好感。可以说，“守拙”是一种掩饰自己、保护自己、积蓄力量、等候时机的人生韬略，更是一种做人的大智慧。

袁绍是某外企的一名白领，平时在办公室总是一副傻乎乎的样子，但是他人缘很好，很多人都非常愿意和他接近。包括领导也觉得他是一个非常踏实，可靠的人，有什么重要工作，总是先想到他。

而他的一位朋友却说：“袁绍可不是一般的精明。”当然，这也要从他平时做人的态度说起。他平时待人处事十分得体，但他却有一个习惯，当他遇到问题时，或是别人找他了解一些事情时，他却总是“一问三不知”，并且常常会反问对方：“那你是怎么看的?”

这样，他就反过来发掘了别人的资源，也使别人有一种被尊重、被关注的感受，然后袁绍可能还会对别人的答案大加赞美。这样，他不但赢得了别人的好感，也使自己积累了更多的知识，而这一点就是朋友所说的精明吧！

古希腊著名哲学家苏格拉底在雅典一再告诉他的门徒：“你只知道一件事，就是一无所知。”而英国19世纪政治家查士德裴尔爵士则更加直白地训导他的儿子：“你要比别人聪明，但不要告诉人家你比他们更聪明。”

学会“守拙”是一种做人的韬略，特别是当你发现自己的才能的确在别人之上的时候，尤其是这个人不是别人，而是你的上司，那么使用这一策略更加重要。如果你表现得比他聪明，就等于否定了他的智慧和判断力，打击了他的自尊心，这样难免会让你以后的工作走得更加艰难。

所以，不管是生活还是工作中，即便你已经有了完全能战胜别人的把握，也要守拙，不要显示出你比他更聪明。只有这样，你才能在“众人皆醒，我独醉”的情况下，做一个真正的聪明人。

6. 不要做功高盖主被诛杀的那个人

在职场、官场，清明大度、善用人才的老板或领导很多，但嫉贤妒能、小肚鸡肠的人也不少。我们不能否认这样的一种事实，有些老板或领导喜欢用肯做事、会做事、能做事的人，但却又时时提防着不能让属下“功高盖主”。

因为不少领导，当他感觉到自己驾驭不了属下的时候，他的第一感觉首先是保全自己，而为了保全自己则可能不择手段地铲除异己。故而，那些所谓功高盖主的“功臣”，若不知检点，有居功自傲的表现，恐怕就难以安宁，甚至招来灾祸。

裁员的消息使整个公司惶惶不安，有人猜测公司会裁掉虽然和气但基本功不扎实的王平，有人猜测会裁掉虽然忠于公司但个性太强的宁之乾，但最后的结果让所有人大吃一惊，最终被裁掉的是业务能力虽强但不听从领导要求的老员工牛静。

分析原因，大家才知道，牛静已经在这个行业呆了好几年，当然，他认识的老顾客也不少。因为和他接触的时间长，并且他的人品也还不错，所以，在有些业务上，很多客户都指明要和他直接沟通。为此，牛静也乐得其所，因为这不仅证明了他的能力，也为他的业绩增光添彩。

但是，为此，他的顶头上司苏经理也没少说他：“牛静呀，有些决定你要先通过公司的，不能自己说了算。”听到领导这样讲，牛静觉得对方是因为嫉妒自己的才能，并不理会。甚至有些时候，苏经理分配下来的工作他也不配合。

后来，苏经理说他的时候越来越少。他的这些行为，使苏经理开始慢慢疏远他。但因为是干了多年的老员工，就算是老板也得让他几分，何况是苏经理，他并没有把这事放在心上，该怎么做依然怎么做。

可是，最近一段时间，公司的效益越来越不好，为了减少支出，老板决定裁减一部分人员。当牛静接到裁员通知书的时候，一下子傻眼了。他怎么也不想到，平时还和自己非常客气的老板怎么也这么糊涂？

身在职场，如果你总在领导面前表现出一种咄咄逼人的气势，这样的人再有能力，领导也只会把他看作对自己的威胁。要知道，老板或领导能够给予你光环与荣耀，一样可以随时收回。因此，我们要懂得认识形势，认清自己，高调做事，低调做人，保持一个良好心态，才是正途。

古代君主最怕的就是自己的大臣会“功高震主”，企业也一样，怎样既为企业创造财富，又不至于让领导觉得你有二心，是个威胁，这里面有很多智慧。企业的领导一般都有些自恋，也就是控制欲比较强，希望别人听从自己的判断，那么，为了自己的事业发展，我们要注意以下几点。

首先，在面对领导的决策时，不要总站在领导的对立面，而是要认识到人家才是领导，你不过是领导手下的干将，不要总想当“领导的领导”。

其次，当自己和领导意见不同，表达自己意见时要顾及领导的感受和面子。

第三，不要让自己的能力成为有二心的理由，起码在领导面前要表现得忠诚能干。

第四，如果你真的觉得不想久为人下，那可以自己开办公司。如果不能够自己当领导，起码要遵守在职公司里的规矩，维护领导的自尊心。

第五，对上司的领导风格要心中有数。有些领导希望你去办什么事并不直接说出，而你能依着他的心思去办，他便会非常高兴；而有些领导不喜欢被下属摸透心思，如果你总是像他肚子里的寄生虫一样揣摩他的心思，他便会越来越冷落你。

小豆曾在私企和外企工作过，由于观察力强，他经常能提前想到老板的想法，因此深得器重。后来他跳去某机关单位，依旧处处揣摩领导的心思。开始时领导似乎很认可，夸他脑子转得快，有眼力。于是他变本加厉，经常与身边的同事交流领导的想法，预测领导下一个行动，并提前作好准备。但结果出人意料，他逐渐发现领导对自己越来越冷淡，不但不再夸奖，而且经常挑刺。过了没多久，他被领导随便找了理由，就给打发到了一个“空闲”的职位里去了。

所以，我们要看米下锅，因人说话，这是每个职场必须修炼的技能。

第六，学会谨言慎行。无论是政府机关、事业单位、私企或外企，学会言之有物，言之有“度”，是重要的原则。

第七，学会适当装“傻”。对于老板不想要别人知道的事情，自己就算知道也要假装不知道，不要功高盖主。

最后，想安全地在职场里生存，一定要懂得分清哪些事情能说不能做，哪些事情能做不能说，还有哪些事情必须要能说也要能做。

7. 花要半开，酒要半醉

所谓“花要半开，酒要半醉”，说的便是鲜花盛开得太娇艳，不是立即被人采摘而去，就是衰败的开始。人生很多时候也是如此，当你志得意满时，且不可趾高气扬，目空一切，不可一世，若是锋芒太露，便只能落得个让别人当靶子打的下场！

人们常说，出头的椽子易烂。所以，无论你有怎样出众的才智，或能力，一定要谨记不要把自己看得太了不起，也不要把自己的才华表露得淋漓尽致，更不要到处张扬显摆，要学会藏锋敛迹、装憨卖乖。

在电影《水浒》里有这样一个片段，武松手握酒杯，仰脖而干，身子东倒西歪，步履轻漂虚浮。蒋门神于漫不经心之际，鼻梁突着一拳，尚未回过神来，眼额又遭一腿……当其终于醒悟这绝非是酒鬼的“歪打正着”之时，其身已受重创而无还手之力了。

其实武松所用的“醉拳”，表面上看来跌跌撞撞，踉踉跄跄，不堪一击，其实醉醺醺之中却暗藏杀机。就在你麻痹大意之时，却被打趴在地。玩“醉拳”就和中国传统武术中的“太极”一样，虚中有实，实中有虚，这才是迷惑对手的手段。而人生也是这样，要学会半醉半醒，方可自保，并攀越成功的巅峰。

宋代的吕蒙正，每当遇到与人意见相左时，他必定以委婉的比喻来晓之以理，动之以情。因为他胸怀宽广，气量宏大，有大将风度，皇帝对他很是信任。

当吕蒙正初次进入朝廷的时候，有一个官员指着他说：“这个人也能当参政吗?”

吕蒙正假装没听见，付之一笑。

他的同伴为此愤愤不平，要质问那个官员叫什么名字。吕蒙正马上制止他们说：“一旦知道了他的名字，就一辈子也忘不了，不如不知道的好。”

当时在朝的官员也佩服他的豁达大度。后来那个官员亲自到他家里去致歉，并结为好友，相互扶持。

能够藏锋露拙、低调做人的人，在那些自以为聪明的人面前往往更能显示自己的道行之高。倘若你没有厚积薄发的底牌，却一古脑儿地将十八般武艺悉数亮将出来，便是应了中国那句忌语：“好话不可说尽，力气不可用尽，才华不可露尽。”一旦成强弩之末，连鲁缟都穿不过，那肯定会被嗤之以鼻，逐出场外，到那时岂不心血白费、努力落空？因而最终的成功者，往往是那些厚积薄发之人。

周荣只有 1.60 米的个头，在这家做大型工程的公司里是个小人物，特别是站在那一大群人高马大的工程师中间更显得微不足道。周荣是个后援支持的角色，帮工程师们整理合同订购维修设备，联络与用户的关系，偶尔也帮忙出差筹备个介绍会。有时遇上去比较艰苦的地方，工程师们都“怜香惜玉”而主动不让他做什么为难的事情。

可是让同事们真正大吃一惊的是，有一次，公司去新加坡采购一批大型机器设备，对方公司代表是个德国人，因为大家都不会说德语，沟通起来就有些为难。但是，大家谁都没想到，周荣竟然说得一口流利的德语。在大家的惊叹声中，周荣和对方代表谈得非常投机。并且，所有人都把希望放在了周荣的身上。

谈判到最后，周荣为公司节省了5%的采购费用，并且还比预计的时间要少了一个星期。回到公司后，老板为了嘉奖周荣，决定提拔他为工程师副理，并评他为特级员工。即便是有此嘉奖，周荣并没有得意忘形，在自己的岗位上，他还是该怎么做就怎么做，与其他同事依然非常交好。所有的同事这时候才觉得，他是那种在别人的眼里不声不响却敛聚着巨大爆发力的人。

一个真正有本领的人，在平日里并不那么显山露水，正所谓“花要半开，就要半醉”。一般来讲，尤其是在自己实力还不够强大的时候，就更不能过多地展示自己的才华。如果把这句话用在职场上，意思是告诫我们，如果在职场中还没升到一定的职位，就不要事事都管，好像非你不行似的，这样很容易招惹祸端。

与那些争强好胜的人相比，厚积薄发自有其独特的优势。首先，没有给人们一开始就形成起点高的心理定势，而后每有进步与发展，都让人历历在目，反觉得此人有发展潜力，孺子可教也。况且，这样的人更能渐渐积累资本，打牢根基。

其次，人们并没有过早地把他作为升迁竞争的对手，即使他后来进人角逐，人们也会宽容地认为他是勤能补拙、笨鸟归林，而不会早早地怀有先声夺人、你撕我扯的忌恨。

总之，锋芒太露的人，虽容易取得暂时成功，却也为自己掘好了坟墓，成为众矢之的，强弩之末。而恰恰是那些厚积薄发之人，常常是不鸣则已，一鸣惊人，那股子气势，想挡都挡不住，功绩俱在，不由得争强好胜者不为之叹服。

8. 别以为上司很好骗

在办公室里，我们常常发现有些员工在没人监督的时候聊 QQ，玩游戏，浏览时尚网页，用公司的电话打私人电话等，以为自己偷了懒，占了便宜，老板不知道。在得意之中，他们忽略了一点，其实没有那个老板是傻子。你的一举一动虽然老板没有亲眼看到，但是你的业绩却出卖了你。

28 岁的徐婷婷在一家公司负责文秘工作，每天一上班，徐婷婷立即坠入"忙碌"之中。只见她拿出"便利贴"，写满了当日工作的安排——"整理会议资料""完成上周总结""帮老总订机票""约客户吃饭"……不一会儿，"便利贴"已经铺天盖地贴满了徐婷婷的办公区域。

然而，徐婷婷是这样"忙碌"的。电脑上有一个未完成的 Word 文档，这便是徐婷婷忙碌的"马甲"。只要领导靠近，屏幕上便呈现这篇文档，而她也立即投入劈里啪啦敲击键盘的状态。当领导脚步声渐行渐远时，各种时尚网站以及论坛便跳了出来，偶尔她也会见缝插针地关注下股市行情。时间长了，她也就"熟能生巧"——一听到领导那熟悉的脚步声，便及时切换窗口。

然而，做文秘工作已经 3 年的徐婷婷，看着一批一批晋升了的同事，她却陷入了茫然。她在想："论资历，我已经是个老员工了，论表现，在领导面前，我也一直表现出一副忙碌的样子，可为什么晋升的时候，就常常轮不到我呢?"

不少员工认为，领导都喜欢忙碌的员工，“装忙”既能让自己偷个闲，又能博得领导的喜欢。其实，忙碌的员工不一定得到领导的赏识，但是做出成绩的员工肯定会得到重视。

“不好，老板的脚步声越来越近，赶快切换页面。”张珊假装正在忙碌地处理起文档。当总经理石玉生走进办公室的时候，大家一片噼噼啪啪打键盘的声音，公司里呈现出一种热火朝天的工作热情来。然而，当石玉生离开的时候，办公室又恢复了原样：看电视剧的，逛论坛的，玩游戏的，聊天的……

有一次，石玉生刚经过一位员工的办公桌，突然想起有件事要嘱咐他去办，转过头来，员工电脑屏幕上的“excel 表格窗口”已经变成了“QQ 偷菜”……

时间长了，作为总经理的石玉生对识别“真忙”还是“假忙”已经有了一套经验。当他经过员工的办公桌时，不是看屏幕显示的是什么窗口，而是看屏幕下方的小窗口。

每当识破“装忙族”时，石玉生不会多说什么。他认为，公司有“绩效考核”，如果完不成任务自然会被淘汰，这需要的是员工的自觉性。虽然他理解“装忙族”的心态，但从心理来说，还是对他们没有好印象。

的确，公司是个注重效益产出的地方，如果你长期偷懒下去，即使老板没有当面抓你个正着，但是你的业绩势必会有所下滑，拿不出绩效，你还怎么等着老板重用你？

“办公室装忙偷懒是个技术活，得有周全的攻略才能保证万无一失啊。”有网友警告说，“职场人士想偷懒还是慎重为妙，如果你是备受老板青睐的好员工，一旦加入装忙族的行列，必将体无完肤，毁了‘一世英名’。”还有网友说：“在现代职场中，任凭你怎样巧妙地伪装成大忙人，都免不了‘穿帮’或者被大家拆穿，所以还是悠着点为好。”有句话说的好：“聪明反被聪明误。”那些惯于在工作时间偷奸耍滑的人，终将误了自己的大好前程。

另外，还有些自以为聪明的人，常常在老板不在的时候把一些东西拿回家里，用公司的打印机打印自己的东西，用公司的电话打私人电话，等等。他们觉得有便宜不占是傻瓜。殊不知，公司领导最反感这种喜欢占小便宜、玩小聪明的人，一旦发现，情况便不容乐观。

紫华是一个刚入职的销售，她经常喜欢用公司的电话打私人电话，并且还常常把公司的打印纸拿回家。为此，和她比较要好的一个同事没少说她，但是，她并不在乎，她说：“这有什么呀，反正老板也不知道。”

有一次出差，客户有事出去，她便在办公室等着。这一段时间，因为无聊，她就随便拿起电话和朋友聊起了天。客户回来的时候，她还在那里聊天。因为顾忌到她的脸面，客户也没有直接说她。等到业务结束，回到公司，她却收到了老板递过来的辞退信。老板说：“对方公司投诉你，说你用人家公司的电话打私人电话，这对我们公司的形象非常不好。”

这时的紫华终于后悔没听同事的话，但是后悔也已经晚了。

一位老板曾经这样说打私人电话的员工：“他这样做的目的，难道只是为了剩那几个电话费吗？难道他不知道，这有违于职业道德。没有老板喜欢一个公私不分的员工。”

而对于那些老实本分、一心踏踏实实工作的员工，也许老板不会当面去夸奖，但是，老板会看在眼里，记在心里。所以，我们要切记，“在商言商”不要把老板当傻瓜。

9. 唱反调，唱不出真正的赢家

每一个人都相信自己才是真理的拥有者，为此他们常常和别人争论不休。但他们却不知道，相反的辩词往往更能促使对方坚定自己的立场。因此，有些好争辩的人，口若悬河地说了一大堆，最后除了不能说服别人，反而把自己逼上绝路。

中国人有句古话："成人之美，不送人之恶。"可以说，成人之美是一种美德，也是成事的关键。凡是喜欢成人之美的人，无不受到别人的欢迎和尊重。

反之，在与人谈话中，不但不成人之美，反而拆别人台，与人唱反调，不管别人说得对不对，都要反对一下，使人家的兴致成为泡影，那就注定会遭人唾弃，行事不利。

理查德是一位卡车推销员，他受的教育不多，可是很爱和人抬杠。如果有顾客挑剔他的车子，他立刻会涨红脸大声强辩。理查德自己也承认，他在口头上赢得了不少的辩论，但没能赢得顾客。他说："在走出人家的办公室时我总是对自己说，我总算整了那混蛋一次。我的确整了他一次，可是我什么都没能卖给他。"

后来，他去找卡耐基，学习如何做个好的推销员。经过卡耐基的指点，他决定避免争强好胜的性格。最终，理查德成了纽约怀德汽车公司的明星推销员。

他说："如果我现在走进顾客的办公室，而对方说'什么？怀德卡车？不好！你就白送我我都不要，我要的是何赛的卡车'，我会说'老

兄，何赛的货色的确不错，买他们的卡车绝对错不了，何赛的车是优良产品。’

这样他就无话可说了，没有抬杠的余地。如果他说何赛的车子最好，我说没错，他就只有住嘴了。他总不能在我同意他的看法后，还说一下午何赛的车子最好。我们接着不再谈何赛，我就开始介绍怀德的优点。

当年若是听到他那种话，我早就气得脸一阵红、一阵白了，我就会挑何赛的毛病，而我越挑剔别的车子不好，对方就越说它好。争辩越激烈，对方就越喜欢我竞争对手的产品。

现在回忆起来，真不知道过去是怎么干推销的！以往我花了不少时间在抬杠上，现在我再也不做那样的傻事了，果然有效。”

一位哲人曾经说过：“用争夺的方法，你永远得不到满足，但用让步的方法，你可能得到比你期望的更多。”因为你越是强加辩论或者反对，就越会容易激发别人的逆反心理。或许你有获得胜利的机会，但却再也得不到对方的好感。

当你在否定别人意见的时候，或许你是对的。但在改变对方的思想上来说，你绝对是毫无建树的，一如你自己错了一样。误会永远不能用辩论停止，因此你要勇于接受忍让和宽容的考验。

卡耐基说过：“天下只有一种方法能得到辩论的最大利益，那就是避免辩论。”爱争辩的人们一定要自己衡量一下，你宁愿要一种字面上的、表面上的胜利，还是让对方心服口服？在争辩里，也许你赢得了一场表面的胜利，但却因此丢掉了一个朋友，甚至树立了一个敌人，实在是得不偿失。

很多时候，有些争辩是完全没有必要的，也许你成为最终的胜利者，也许别人不再反驳你，但对方不一定心悦诚服，你的话说不定还伤了两人之间的和气。所以聪明人绝对不会和别人硬碰硬，而是懂得用先肯定的说服方式代替直接反对。

安妮是一个认真固执的人，虽然业绩不错但人缘很差，因为她永远是“不”比“是”多，无论别人说什么，她总喜欢先反对一下。这样，没有太多人愿意和她共处一个团队。

有一天那个和蔼可亲的瑞典老板把她请进了办公室，面带笑容地问她：“公司的员工奖励计划好吗?”安妮也不加考虑，脱口而出：“不，它并不很完善。”老板笑了，告诉她：“我不了解中国的文化，但在我们西方，如果想说不好，也应该说‘是的，但是……’其实最终表达的意见或是意思还是原来的，但听上去就不那么刺耳。”安妮看着老板的脸，第一次有了感悟。

很多人，自以为直率、个性，对某些事情有见地，因此当别人提出什么观点，总是第一个否定；当别人与自己发生争辩的时候，总是忍不住地反驳，结果弄个两败俱伤的下场。其实，这样的争辩即使最后自己赢了，但往往也输了友情和别人对你的好印象。

聪明人从不玩无益的争辩游戏，因为他们懂得，不必要的争论不仅会使自己失去朋友，而且达不到自己想要的目的。同时，他们还懂得，争辩不可能消除误会，而只能靠技巧、协调、宽容的眼光去看别人的观点，才能赢得别人的理解和认同。

因为从人类的普通心理来看，被顺从和被赞同，总比拒绝来得容易接受。而那些好辩的人，如果在肯定之后再否定其中的一部分，或许话语听起来就会悦耳得多。

第 5 章

Chapter5

别"与世无争"吃闷亏，也别心狠手辣去"抢功"

生活中，老实人喜欢抱着一种与世无争的态度，吃了亏以后才如梦初醒。于是，为了保护自己的正当利益不受侵害，老实人改变态度："不属于我的，我固然不能去争；但是，本该属于我的，我自然也不能放手。"

1. 薪水是挣来的，也是谈来的

大部分人都觉得，在职场中，自己有多大的能力、付出了多少努力是和拿到的薪酬成正比的。然而，也有很多人做事卖力气肯吃苦，能力也不差，却没有得到相应的报酬奖励。于是，有些人就越干越没信心，并且抱怨连连。他们却从来没有想过，职场薪水是挣来的，但也是谈出来的。

周末，祝乾跟大学同学张俊吃饭，提起了祝乾的同事小陈。小陈曾跟张俊共过事，关系也还不错。张俊正打算跳到深圳一家公司，他还以小陈为例子说起，当初小陈月薪不过3000元，可跳槽至现在的公司，试用期2000元，转正4500元，这可是小陈亲口告诉他的。

祝乾当时就傻了，虽然不便明说什么，可他知道，作为行业资深人士，小陈这个"半路出家"的人在资历和能力上虽然过得去，但显然都跟自己有差距。当初自己几乎是老板当场拍板录用的，试用期工资不过仅仅1500元，转正之后3800元。而当初面对薪资问题，双方谈得比较含糊，祝乾只在求职简历上写"服从公司岗位薪资标准"。

这么填写，祝乾只觉得会比较"保险"，太出格的要求是刚入职的大忌；当老板看到业绩时，薪水自然会慢慢上浮。而小陈竟然一上来，就不按常规出牌。一起进来一年多，祝乾的能力和业绩有目共睹，渐渐独立挑起项目。而小陈属于"甘草合剂"——不温不火，完成得了任务，却也不太突出，总之让人提不起神，但也挑不出毛病。

知道真相的祝乾顿时心理失衡了，他自责"太老实了"，原来高薪也可以谈出来的。

有些人觉得，只要自己努力工作，做出成绩，老板就会看在眼里主动加薪。这样仁慈慷慨的老板或许有，但是遇到的几率可能跟你走在街上被天上掉下的馅饼砸中脑袋的几率差不多。除非是你表现实在太突出了，如果你的一笔订单都赶上公司的半年产值了，老板会主动给你一个红包；否则，你只能自己争取加薪。

然而，和老板谈加薪，说起来容易，但却是令每个职场白领最为头疼的事情。如果直截了当地和老板要求加薪，不仅老板不高兴，你也尴尬。如果正好碰上老板心情不好，你提出加薪不但会遭到拒绝，就连你是否能继续待下去都是个未知数。所以，在与老板谈加薪的时候，我们不仅要把握谈话的内容，还要掌握时机。

有一次，梁建洲去参加大学同学聚会。聚会上，大家聊起现在的生活和工作情况，窦骁说：“像梁建洲这样的人才，到深圳最起码要拿两倍于现在的工资。”并且他还说，他们公司现在正好急缺人才，如果梁建洲有意，他可以向自己的老板推荐一下。

听到这个消息，梁建洲的确心动了一下，可仔细想想，老板对自己也还算不错，很认可他的能力；并且，在与同事的合作上也一直很愉快；再则，现在的工作空间还是很大的，难得是专业对口；另外，进入一家新公司，天晓得要磨合到什么时候，加上举家搬迁，动静可就太大了，即使薪水翻番，性价比似乎并不合适。

但是，想到自己的薪水，他还是有些不甘心。于是，梁建洲打算找个机会和老板谈谈。一次，梁建洲跟随老板出差，某个下午从客户处出来，老板带着梁建洲到酒店附近的一家咖啡馆，目的是找个安静的地方，商讨刚才洽谈的细节。正事谈完，时间尚早，话题不知不觉转向生活化。

老板谈到大学时代到如今的境况，不免感叹人生奋斗不易之类，气氛难得的亲和起来。梁建洲就此提起，曾有家公司以一倍半的薪水挖他，但他拒绝了。老板惊讶地问他为何不去？

梁建洲侃侃而谈，工作以来，他认为这家公司是他感觉最融洽的团队，从老板到团队成员配合默契，如果离开一个可贵的团队，个人能力和发展，也几乎谈不上什么。况且老板是个有承担的人，即使他出现错误，老板也会包容和指正。而更重要的是，他个人的职业规划和公司的发展规划是相关的，跳槽也并非他的初衷……

这是入职以来，梁建洲跟老板谈话最深也是最多的一次。听了梁建洲的一番话，老板大为感动，拍着梁建洲的肩连说“不错不错”。

“但是，让我想不开的是，低于行业标准的薪水无法很好地证实自我能力，同时心理也有些不平衡。我希望，您能考虑在原有的基础上加薪。”接下来，梁建洲提了一个合适的薪资数目，同时谈起了下半年以及来年的工作目标。老板边听边点头，答应回去后好好考虑。

结果不难预料，一周后，财务部通知梁建洲加薪。

职场精英的标志之一就是职位高、薪水高。那么，为自己谋求一份合理的薪水是每个职场人要做的事。虽然，跟老板谈薪水有时候让不少人感到为难，但是既然认准了职场，要当职场中的精英，就应该对自己的薪水负责，就要学会做一个职场加薪的“谈判”的高手。

2. 怀才不遇多半是自己造成的

现实生活中，许多人都在抱怨命运不公，自己运气不好，无人识用。他们常常落于人后，而“怀才不遇”，则是他们给自己失败的最大借口和安慰之词。

然而，在阿波罗神庙中刻着三句箴言，其中一句是“认识你自己”。当你认为自己“怀才不遇”时，你是否真的认识了你自己？你是否真的“有才”？你所谓的“有才”只是你的孤芳自赏，还是大家所公认的？

一位年轻人非常喜欢写作，可是当他把写的东西寄给报社、杂志社、出版社的时候，总是被原路退回。于是他感到非常难过，整天郁郁寡欢，觉得自己怀才不遇。

有一天，他遇到一位资深的编辑。编辑看了他写的东西，然后给他讲了一个故事。

有一个小和尚，觉得自己在学修方面都是全才，可是，当他到各地寺院参学的时候，却屡屡遭到碰壁。自己的抱负没地方施展，他觉得自己怀才不遇，对出家人和佛教感到失望，并且充满了愤怒，可是又无可奈何。他开始变得嫉妒、悲观、消极。甚至，多次的碰壁让他对一切都失去信心，他感叹：“我明明是一匹千里马，怎么就没有伯乐来赏识呢?”

这一天，他来到了大海边。因为忍受不了不被人重视的煎熬，更无法适应这个不被认可的尘世，所以，他打算投河自尽，就此结束自己的生命。

正在这时，一位老禅师从这里经过，看见他要自杀，就把他拦下来问：“为什么你不好好地修行，却要走上绝路?”小和尚脸上满是悲伤地说：“我在很多寺院参学，并且也学到了很多东西，可是，却总是没有人发现我的才能，更没有人欣赏我、重用我，我觉得活着已经没有任何意思了。”

老禅师听了小和尚的叙述，缓缓从脚下的沙滩上捡起一粒沙子，然后拿给小和尚看，接着又随手把沙子扔在了地上。这时，老禅师让小和尚把他扔掉的沙子捡起来。

小和尚生气地说：“这根本不可能！”

老禅师没有说话，他又从自己的口袋里掏出一颗璀璨的珍珠来，也像刚才一样随手扔在地上，然后对小和尚说：“现在我让你把这颗珍珠捡起来，你觉得可能吗?”

“当然！”年轻人说道。

这时，老禅师意味深长地对小和尚说：“你应该明白，现在没有人能承认你，是因为你还不是一颗璀璨的珍珠。如果想要别人承认，那你只有想办法把自己变成一颗珍珠才行。”

听了编辑的这个故事，年轻人脸上露出了羞愧之色，此后，他再也不说自己怀才不遇，而是开始非常用功地看书，练习写作。几年后，再遇到这位资深编辑的时候，这位年轻人已经成了一位大作家。

生活只相信勤奋努力者留下的汗水，不相信“怀才不遇”者的感叹。那些自觉怀才不遇的人们，他们应该通过努力工作，为自己创造机会。所以，请你收敛起那种幼稚的、所谓“怀才不遇”的想法，即便是真的有“怀才不遇”，那多半也是你自己造成的。

心理学家作过一个实验，将一只饥饿的鳄鱼和一些小鱼放在水族箱的两端，中间用透明的玻璃板挡开。刚开始，鳄鱼毫不犹豫地向小鱼发动攻击，失败了，但毫不气馁。接着，它又向小鱼发动第二次更猛烈地攻击，它又失败了，并且受了重伤。

它还要攻击，第三次，第四次……多次攻击无果后，它不再攻击了。这个时候，心理学家将挡板拿开，鳄鱼不再攻击小鱼了，它徒然无望地看着那些小鱼在他眼皮底下悠闲地游来游去，放弃了一切努力。

现实生活中，我们很多人就像这条鳄鱼一样，在多次的挫折、打击和失败之后，就逐渐失去了战斗力。激情死了，梦想死了，剩下的只有黯淡的眼神和悲伤的叹息。他们开始感到无奈、无助、无力。为了掩饰失败带来的耻辱和不安，他们努力为自己寻找各种各样的借口：这个社会太不公平；我只是没有文凭；我长得不漂亮；我没有关系；我讨厌吹牛拍马；我太善良，我憎恨尔虞我诈；如果给我机遇，我也会做出成绩……

结果是他们依然一事无成，依然怀才不遇！

“怀才不遇”者总是在发牢骚，抱怨社会没有为他们提供相应的舞台，没有给他们以施展才华的机会。然而，机遇从来都青睐有准备的头脑，一个渴望成功的人应该主动寻找机遇，创造机遇，而不是等待机遇。

另外，有一些自觉怀才不遇的人，他们往往比较传统，比较内向，不喜欢把自己的才华展示在大庭广众之前，尤其是羞于在上司面前展露才能，总是羞答答的玫瑰静悄悄地开！可如今是“酒好也怕巷子深”的年代，你不表现自己的“才能”，有谁知道？有谁敢让你担当大任？

毕竟伯乐不会天天陪在你身边，慢慢去发掘你的才能吧！还有眼下企业职场上虽然机会很多，但是竞争也很激烈，你不积极表现才能，别人却勇于表现自己的才干，那么上司自然会选择勇于表现的人才了，你就只能继续怀才不遇吧！

3. 拒绝做逃避的鸵鸟

当一只鸵鸟遇到危险时，首先会本能的逃跑，但是当被追得难以逃脱时，鸵鸟就会将头埋进草堆或者沙子里，以为自己眼睛看不见了，就安全了。生活中，我们将遇到危险便一味逃避这种消极的心态称之为“鸵鸟心态”。“鸵鸟心态”是一种逃避现实的心理，不敢面对问题的懦弱行为。尤其在职场，这样的“鸵鸟型”员工是不受欢迎的。

米娜所学的专业是文秘，毕业后在一家广告公司任办公室内勤的职务。由于这家广告公司的效益非常好，工资待遇非常不错，所以她很珍惜这份来之不易的好工作。

内勤工作虽然烦琐，但并不能说这是一项难度系数很高的工作。连米娜自己都认为自己的工作没什么难的，无非就是买买东西，传达传达文件和领导指示，处理一些办公室内务而已。可是就是这样一份她自认为没什么难的工作，米娜竟然没能胜任，试用期没到就被解雇了。

这事还要从她处理的一份文件说起。那天，由于她的工作失误，忘了把一份非常重要的客户订单拿给经理。过了两天，她才想起这事。因为害怕经理责怪，她不敢直接交给经理，就把它放在一堆资料里，等着经理有幸提前看到，安排生产。

可是，她的这种侥幸心理并没有使她逃过责任。第二天，经理火急火燎地找到她，责怪地说：“有一份非常重要的客户文件为什么不昨天拿给我。如果不是客户及时打电话，我们在生产时间安排上就出了问题。到时候，这个责任谁能担得起呀！”接着他说，“好了，你这一个月的试用期马上也要结束了，这份工作不太适合你。”

有着“鸵鸟心理“的人，一般在遭遇困难、挫折、碰到棘手的问题或者不如意的事情或环境改变时，他们往往会习惯性地像鸵鸟一样，将头埋进沙子或草堆里，选择逃避。然而，任何的困难、挫折、问题、不如意、环境都不会因为你的逃避而有所改变，甚至反而会因为你的不面对变得更糟，更难以收拾。

另外，尤其是在职场中，有很多人总是抱着“多做多错、少做少错、不做不错”的心理，逃避着责任，其实这也是一种“鸵鸟心态”。身在职场，我们每一个人都应该明白，只要你敢于面对工作中的困难，鼓足勇气去解决了，即便最终没有收获成功，也比待在原地不动要好上100倍。

其实，说白了，怕做错就是怕担责任。可是，工作本身就意味着责任。作为一名职场人，承担责任是必须的，这也是一种荣耀。承担的责任越多，就说明你越有承担的能力。

因此，我们一定要摒弃“鸵鸟心态”，无论生活给予了我们什么，我们都应该勇敢地面对，如果选择像鸵鸟一样躲起来，无异于掩耳盗铃，逃避是解决不了任何问题的。只有勇于面对挫折与困难的人，才能够取得事业上的成功。

一向好强的吴冰清没想到自己会成为一个全职妈妈。去年 10 月休完产假回到公司，吴冰清这才深切感受到了金融海啸的冲击。办公室里已有一半座位空了，要好的同事通过 MSN 悄悄告诉她一个月前大裁员的惨烈情形：“上午一个个被叫进去谈话，下午就收拾东西走人，连送别的拥抱和安慰都没有。”

此后不久，老板对员工的工作内容进行同类项合并，身为网管的吴冰清甚至接手了公司前台等杂七杂八的份外事情。吴冰清的劳动合同年底到期，之前老板就问她一边带孩子一边工作是否辛苦，暗示她可以选择“休息”。吴冰清“不为所动”，毕竟有工作总比没有好，而且只要自己不辞职，老板也不可能在哺乳期内把自己开掉。

但在 2009 年元旦之前，老板突然宣布新年员工集体降薪以渡难关，吴冰清的收入由每月六千元降到了四千元。回家后，吴冰清与丈夫细细商量了一番，老公每月七八千的收入，凑合能养三个人。最终，吴冰清选择了“主动”辞职，拿着一笔万元的赔偿金回家了。“走的时候我是昂首挺胸的。”吴冰清对朋友说。

“宝宝长第一颗牙齿、叫第一声‘爸爸’、第一次像一辆小坦克一样蹭蹭往前爬……这些成长时刻我都没有缺席。”吴冰清满脸幸福地说。但每天在宝宝睡觉之后，她依旧看书学习，最近又开始研究网店，她说：“我自己已经网购了七八千元的母婴商品，发现很多店主也都是一边带宝宝一边打理店铺，或许我将来也可以走这条路。”

遭遇工作中的挫折时，只要我们去勇敢地面对了，哪怕是一个坏的结果，也比坐以待毙要好。当你能够勇敢地面对工作或者生活中的一切时，你就会认识到自己的成长，并且会享受到成功的美好。也许你也会因为敢于面对失败，可以更好地吸取教训，从而得到成长。

4. 利益全靠自己争取

曾国藩说过：“做人的道理，刚柔并用，不可偏废。太柔就会萎靡，太刚就会折断。”人行于世，不能锋芒毕露，但也不能软弱无力地任人宰割。

我们要知道，生活中，只有我们才是自己命运的主宰。许多事不是我们默默等待，就会有好结果；有些利益必须自己去争取，只有这样才能使人们在关键时刻力挽狂澜、回天有力，也能使人们在日常生活、工作和人际交往中游刃有余，不吃哑巴亏。

李杰是某公司的经理，今年 11 月份的时候他遭遇了一件事。

他出差回来，从首都机场打车回到海淀知春路的住所，车费150元，而在李杰的印象中以往的路程都是100元左右。这让他心生疑惑，但还是不动声色拿了发票下车。回到房间，他就拨打了发票上的士公司的投诉电话。

“说实话，我并没有抱太大的希望，一来我记不清当晚的路线，绕路与否仅凭发票和司机的证词似乎不好判断；二来那是家我从没听说过的出租车公司，司机没有说任何问候语甚至连再见都没说，我想这也许就是小公司的做派吧。”李杰这样表述他当时的心理。

并且，他已经做好心理准备，最多也不过听对方理直气壮的搪塞。电话很快拨通了，的士公司的一个工作人员记下了李杰的申诉和相关信息，表示7个工作日内给他一个满意的答复。

几天后李杰接到一个电话，就是那家出租车公司打来的。一个中年男子用普通话跟他说，已经找司机核实了情况，他确实绕路了多收了他50块钱，他们会把多收的钱退还给李杰，同时将对司机进行十倍的罚款。工作人员记下了李杰的地址，末了又向他表达了歉意。

在日常的生活中，我们经常可以看到很多人，虽然明知道权益被不法侵害，但只要无大碍，则能忍则忍，不愿为此劳神费力。可是，我们的息事宁人却常常使自己的利益无端损失了。

事实上，有些利益是属于自己的，我们就要主动去争取。尤其是在职场，在同等条件下，两个同事工作都算努力认真，工作能力也不相上下，但在发年底奖金，或者评级晋升的时候，一个因为不合自己的意而垂头丧气，但另一个却因为平时没少表现和推销自己，于是又是晋升又是拿到高额的奖金而扬扬得意。

为了避免这种事情发生，我们一定要学会主动向上司提出晋升请求。

现代社会充满了竞争，在通向金字塔顶的道路上每一步都是竞争的足迹。因此当你了解到某一职位或更高职位出现空缺，而自己完全有能力胜任这一职位时，就要主动争取，主动出击，把自己的想法或请求及时告诉领导。即使上级有了指定的候选人，如果这位候选人在各方面条件都不如你时，你也应该积极主动争取，过分地谦让可能会堵死你的晋升之路。

当然，下级向上级提出请求时应讲究方式，不能简单化，宜明则明，宜暗则暗，宜迂则迂。这要根据你上级的性格、你与上级以及同事的关系等因素而定。

另外，一个人如果能得到与自己的能力、兴趣完全一致的工作岗位，那无疑是一件非常值得庆幸的事。但是，在现实生活中，命运往往跟人们过不去，人们也往往在社会分工中，在某一部门，被安排在某个不甚理想的工作岗位。

例如，有人想干电工，却分到了机床边；有人想干业务，却让你去开车……面对这种种不尽如人意之处，人们不能一味迁就社会，在条件允许的情况下，应该主动找领导谈谈，提出调换工作岗位的要求。当然，在提出类似的请求时，最好是先考虑一下这样做的可行性究竟有多大，然后再作决定。

还有就是，你做出了什么成绩，要让上司心里有个底。不管你多么努力工作，如果上司不知道的话就没用。另外，有些工作在开展之前，领导需要向你定位一个利益标准，如果领导在交代任务时忘记了承诺，或不好作出承诺，你就要提前要求你应该得到的，这不是什么趁火打劫，领导也较容易接受。

当然，大家要切记，即使你是一个懂得为自己争取利益人，在争取的同时也要把握好“度”。

有些人向领导提要求很不会把握分寸，往往要求很高，引起领导的反感，招致“讨价还价”“没干多少事”的奚落。而那些过来人通过积累的经验告诉我们，在争取利益的时候需要注意以下几点：

不争小利。不为蝇头小利伤心动气，略显宽广胸怀、大将风度，在领导印象中形成“甘于吃亏”“会吃亏”的好印象，在小利上坚持忍让为先。

按“值”论价，等价交换。最简单的例子，如你拉到 10 万元赞助费或为单位创利 100 万元，你要按事先谈好的“提成”比例索取报酬，不能扩大要求，也不要让领导削减对你的奖励。

最后，我们要记住，凡事要养成一种主动争取自己利益的习惯。有些人总觉得自己处处被动，处处受人压制，殊不知，这种被动局面完全是由自己造成的。如果你事事主动，事事想在前面、干在前面，你就会从被动的局面中解脱出来。

5. 别企图霸占同事的劳动成果

好的东西，每个人都喜欢，愈是好的东西，愈舍不得让给别人，乃人之常情。因此，有很多人看到对自己有利的东西，那种贪婪的本性就露了出来。在竞争激烈的工作环境中，有些人喜欢把别人的功劳占为己有。这样的人，不去创造业绩，而是偷偷地去占有别人的功劳，到最后只能是既损人又不利己。

不属于你的功劳，就不要去抢，就算有些人对你的这种行为不管不问，但抢别人的功劳总不是成功的捷径。就算你抢了别人的功劳，别人并不知道，但是你也会因此一直心里不踏实。另外，世上没有不透风的墙，一旦你抢别人功劳的事情被揭穿了，你将会无脸见人。不仅被抢者会成为你的敌人，而且还会失去他人对你的尊重，可谓是得不偿失。

抢属下的功，会扼杀员工士气；抢同事的功，明摆着要树敌；而抢上司的功，则是找死。

或许，眼前的利益是很诱人，但是在你心底欲望升起的时候，你也应该明白，这份利益是不是靠着你一个人打来的，该不该属于你。如果不是你的，就尽早放弃。我们知道，只有自己亲手创造的功劳才是自己的财富，别人的东西终归是别人的。

另外，不仅不要去抢夺别人的功劳，有时候，你还要同他人分享功劳。职场中没有他人的合作，你是不会如此顺利获得成功的，每个人成功的背后肯定会有很多人为之付出的努力。如果一个人独享大家一起奋斗来的成果，就会给他人造成一种“吃独食”的感觉，这样会引起其他人的反感，从而为下一次合作以及你的人际关系带来障碍。

李丹是一家出版社的编辑，是一个很有才气的小伙子，他对编辑有着自己独特而不俗的理解，因此很受大家欢迎，平时在单位里上上下下关系都不错。前一段时间得到过一次创意奖，为此他很兴奋，并感到十分得意，逢人便提自己的努力与成就。同事们当然也向他祝贺。但一个多月过去了，李丹却发现单位同事，包括他的上司，似乎都在有意无意地与他过意不去，并回避着他。

他把自己的苦恼向一个朋友说了，朋友在了解清楚他的情况以后，指出了原因。她认为李丹犯了“独享功劳”的错误。他得了创意奖，受到了领导的表扬，并且夸他非常有做主编的潜力，问题是他并没有在现场感谢上司和同事们的协助。

就事论事，这本图书之所以能得奖，编辑的贡献当然很大，但这也离不开其他人，比如同事和上司的努力，他们当然也应分享这份功劳。这自然让他的同事耿耿于怀，从此以后，便给她脸色看了。

遗憾的是，李丹对朋友的分析不以为然，结果三个月后就因为待不下去而辞职了。

不可否认，自我表现是人类天性中最主要的特点，每个人都希望展现自己美好的一面。人类喜欢表现自己就像孔雀喜欢炫耀美丽的羽毛一样正常。但前提是，你必须清楚地明白，你的美丽是在大家的衬托下才体现出来的。即便你很“美丽”，如果没有大家的祝福，你也不可能真正地高兴与快乐。当你在工作上有特别表现而受到别人肯定时，千万要记住一点，别独享荣誉，否则这份荣耀会给你的人际关系带来障碍。

职场中，凡是喜欢争功的人都不会受到同事的欢迎，不会获得老板的欣赏，争功的结果就是使自己陷入孤立境地。因此，我们一定会做到感谢他人，并且与他人一起分享胜利的喜悦，我们要懂得谦卑的重要意义。

曾经有一部风靡全球的电视连续剧《超人》，里面有这样的一句话：“一个人也可以改变世界。”那是一个个人英雄主义的时代。但在今天，无论你从事什么工作、处于什么环境，都无法脱离其他人对你的支持，一个人完成所有的事情。所以，我们在各种各样的颁奖典礼上，总会听到人们说：“感谢我的老师，感谢我的朋友，感谢某某人……”

有些人觉得，听着这些套话都觉得虚假。可是，千万不要以为这些话是可有可无的套话，就算是虚伪的，该说也得说，该做也得做。这种“口惠而实不至”的感谢虽然缺乏“实质”意义，但听到的人心里都很愉快，也不会再引起他人的嫉妒。

因此，尤其那些初涉职场的年轻人，一定不要居功自傲，要感谢他人的协助，不要认为都是自己一个人的功劳。我们要明白，无论你为某件事付出了多少努力，但终究还有别人的参与，那么这个功劳就是属于集体的，荣耀是属于大家的。

其实，别独占功劳，说白了就是不要去和别人抢生存空间，因为你的荣耀会让别人变得黯淡，产生一种不安全感。而当你获得荣誉时，一定要试着去感谢他人、与人分享、为人谦卑，这样才能让他人心里觉得踏实。

一个人为人处世一定要以谦卑为先，在获得荣耀的时候，让他人明白，你的成功离不开他们的辛苦和点点滴滴，这样你才能收获到他人的尊重。

6. 别把对手逼到绝路上，兔子急了也咬人

在《菜根谭》中有句话："锄奸杜幸，要放他一条去路。若使之一无所容，譬如塞鼠穴者，一切去路都塞尽，则一切好物俱咬破矣。"意思是说，铲除邪恶、杜绝小人，有时应给他们留一条改过自新的生路。如果逼得对方无立足之地，就像把老鼠能够逃生的出口都堵住，它会在走投无路的情况下把一切好东西全都给你咬坏。

即使是一只温顺的兔子，你若把它逼到绝路上，它也会孤注一掷，和你拼个你死我活。正因为这个道理，在生活中，我们要得饶人处且饶人，切不可把对手逼到绝路上。否则，困兽犹斗、垂死挣扎，当你逼得他走投无路的时候，他只会给你造成不必要的伤害。

周占海是一家贸易公司的老板，在朋友眼中，他是一个非常能干的生意人，但是就在前不久，因为一起偷税漏税案，除了把几年经营的基业赔了个精光，自己也因此吃上了官司。

事情的经过是这样的，2007 年，他和同学一起到深圳做生意。那个时候的他，年轻气盛，意气风发，做生意特别厉害。

他非常喜欢毛泽东的一句诗，“宜将胜勇追穷寇，不可沽名学霸王”。并且，也运用着这种诗中的气概，对对手出手毒辣，不留余地，运用“大鱼吃小鱼”的吞并策略，将当地大大小小的十几家企业全都吃进了肚，形成了一个局部垄断的大集团。

可是，为此，他也得罪了不少人。有些人因为他的吞并，断了当前的财路，并且也没有机会另谋生路，于是，对他就更加恨之入骨。有些被他吞并的企业，开始联合起来，暗中搜集他经营中的不法行为。

就在他的公司生意蒸蒸日上、名声达到顶峰的时候，那些对他早就心存恨意的对手掌握了他在一些生意中偷税漏税的证据，并把他的这种不法行为举报给了经侦部门。而周占海辛苦经营起来的事业，就这样瞬间土崩瓦解，并且，自己也沦为了阶下囚。

做人做事，我们绝不能赶尽杀绝，何况对手是永远杀不绝的，如此下去，只能使自己的立足之地越来越窄。事实正是如此，若我们不能做到得饶人处且饶人，把对手逼得无路可逃的时候，受害的往往是自己。

春秋时期，燕国的将军乐毅出兵攻打齐国，一路过关斩将，打了无数的胜仗。最后，只剩下即墨城，一旦拿下，就大功告成。可是，当燕国的军队把即墨死死围住，猛攻紧打的时候，齐国名将田单振臂高呼：“国就要亡了，我们怎还会有家?”于是士兵人人有誓死报国的决心，做背水一战，竟然收复了全部失地。

俗话说，穷寇莫追。这当然并不只是害怕他在途中有什么伏击，就是那种被逼到绝路上，背水一战的决心，我们也会与其两倍俱伤。诚然，若是在你大胜之际，能主动放对手一条生路，他们必将争相逃命，而那种背水一战的决心就被逃生的欲望分解了。就算还有再战的可能，对方因为经历了这样的失败，也会同惊弓之鸟，并不是你的对手。

清初大员洪承畴在各地反清力量活跃时递交给顺治皇帝的奏折中指出，人与人之间，在外部压力巨大时会团结在一起，共同抵抗外来势力；一旦外部力量消失，人与人会因为自身利益而像狗咬狗一样互相争斗。他建议朝廷减缓对反清力量的军事压力，以政策诱降为主，果然，一大批反清头脑投降，清军这才在中原站稳脚跟。所谓“敌存灭祸，敌去招过”，穷寇勿追，乃是经典的军事理论。

除此之外，在我们的日常生活中，有些人，喜欢抓人小辫子，喜欢鸡蛋里挑骨头地找出一些别人的不足之处；并且，一旦发现了某个人的不是或者缺点，便步步紧逼，打击到底，不给对方留一点面子，也不知道给对方一个台阶下。

试想，这样下去，对方必然会和你撕破脸皮，争斗到底。你们之间不仅做不了正常的朋友，说不定还会誓死不相往来。这对你的人际发展没有一点好处，甚至，连你未来的事业发展也会受到影响。

所以说，做人做事，我们要“莫将剩勇追穷寇”“得饶人处且饶人”；尤其是在生活中，对于那些无关紧要的小错误，应该大度地给对方一个纠正错误的机会。有必要的话，我们还可以帮对方遮掩一下。这样一来，不仅对方会对你感激不尽，别人也会因为你的好人缘而支持你。

第 6 章

Chapter6

别在场面上木讷寡言，也别斗心眼作弄人

一个人太过奸诈、狡猾常常不会受人待见；可是，太过老实、木讷的人却又容易被人忽视或者冷落。所以，我们说话、做人都不能流于两个极端，既要善于说些好听的话，讨好别人，也不能过于与人争锋相对，讨个没趣。

1. 讨好的场面话要恰到好处

无论你是与人初次见面，还是碰到多年未见的朋友，或者拜访客户等，都不能缺少一番场面话。当然，这个时候，你给人的印象好坏便取决于你说话是否让人受用。人人都喜欢听好话，听对方赞美的话，所以为了双赢的效果，在人际交往中适当地运用恭维对方的场面话是必要的。

当然，场面话人人会说，但是如何掌握说场面话的时机、技巧及内容，这便是能否给人以好印象的关键。

花季是一个化妆品推销员。有一次，她到一个家具广场拜访客户，里面都是一家一家的独立空间。花季从敞开的门看到坐在柜台前的刘女士就进去了。

首先，她把自己的新产品对刘女士作了一番介绍，但是，刘女士并没有表现出太感兴趣。花季接着说："您这里装修真典雅，我看每个空间都是不同的，应该是自己设计的吧！"刘女士随便回答了句"是"。

花季又说："我看您自己的穿着风格和这屋子的色调很搭，不会这屋子的装修是你的想法吧。"刘女士笑了笑说："真的吗？我喜欢典雅一点的东西，但是这屋子可不是我设计的。""不过这屋子的装饰可真像你的风格，看你的围巾和墙壁上的壁画颜色多相似。"刘女士看看自己的围巾，再看看壁画，还真是。于是她好像也来了兴趣，就顺着花季的话题聊开了。

有些话，在别人听来，明明知道不过是场面话，但是听了觉得非常得体，于是心里也就对你所说的场面话欣然接受了。

说场面话，其实可以有很多的话题可以切入。比如在对方的办公室，你可以从他的装修说起；如果你发现她的打扮非常特别，你可以从她的穿着风格说起；如果你曾经听别人说过对方的名字和事业，你可以从他的成功说起；如果你知道对方有些很特别的能力，你可以从虚心讨教说起，等等。只要你可以适时、适地地切入合适的话题，那么接下来的聊天就会比较轻松了。

但是，凡事要有个度，如果场面话说的太夸夸其谈，不符合实际，那么你的场面话就有了讨好、巴结、拍马屁的嫌疑了，除没有达到你预期的效果，更有可能会适得其反。

谢天是一位食品推销员，而王女士是他所有客户里比较大的一个客户，因此他非常珍惜，并且每次在拜访的时候，都会想方设法说一些好听的话，让对方高兴。某次，他又去王女士办公室回访。

看到对方办公桌上有些图案他就没话找话地说："王姐，您这办公桌真好看，还有艺术涂鸦啊！"对方瞅了他一眼，扑哧笑了，并且态度有些不大友好地说："你的眼睛多少度啊，那是划痕。"一时间，谢天感觉非常尴尬，恨不得有个地缝钻进去。之后，他再也不敢轻易说一些奉承对方的话了。

当然，谢天只是一时眼拙弄成了笑话，但是倘若你有意说一些不着边的话，让对方听了会觉得你是在讽刺他，那恭维的场面话效果就会完全变了味道。

因此，假如你会说场面话，并且能说的恰如其分，不但不会让人嫌弃你的虚伪，还让人觉得你是个会说话的人，并且也会喜欢和你搭话。

举个例子，当你的主管讲完一句话，你马上说："这样做最好，这真是明智的决定。"这不是拍马屁是什么？所有人都认定你是在拍马屁，连你的主管都会觉得不自在。但是，当你的主管讲完话，你稍微停一下，说："这么一来，我所有的问题都解决了……"这虽然也是恭维别人的场面话，但也是事实。所以，说场面话要切合实际，说得不让别人感到肉麻；如果你说的太过直白，或太过夸大事实，你的话让所有人都坐立不安，全身发麻，那不如不说。

场面话有时候就像一个屋子的装潢设计，简单大方的设计一般是最让人心旷神怡的，因此场面话也要讲求浅显又简单。并且，当一面墙出现坑坑洼洼，在视觉上会让人感觉不舒服，因此场面话要让人听着舒服，就要避免说一些不好的东西。比如你如果突出了对方的优点，对方听了会开心；而你若强调对方的缺点，除非是你不愿意和对方聊天，否则，对方一定对你超级反感。

假如你和别人聊天的时候，对方说："你的眉毛真好看，是你自己修的吗？""你说话的声音真好听。""听说你徒手抓到了小偷，你真牛！"你心里忽然感觉有些暖暖的，这些话使你觉得你在别人面前突出了自己的优点，你也会很愉快地和对方交谈下去。

适当地说些好听的场面话，是有礼貌、有教养的表现。这样可以得到良好的情感氛围，而且还可以使双方在心理和情感上靠拢，缩短它们之间的距离，因此更有利于自己和他人友好的合作。

2. 自我介绍的本事愈强，愈能引起他人与你交谈的兴趣

如果你是一个初次参与社交的人，和陌生人接触就是一个很必要的

步骤。而这个时候掌握一些自我介绍的技巧显得尤为重要。在与陌生人开始交谈时，我们首先要作自我介绍，让对方认识。如果你能在自我介绍中让对方很深刻地记得你，并且产生和你交谈的兴趣，那么你的自我介绍就很成功。

然而，在交际场上，怎样作一个漂亮的自我介绍呢？

开门见山是最常见的自我介绍方法，然而，这是人们公认的一种最笨拙的自我介绍方法。如果你能选择好最佳的时机，措辞恰当，用简洁明快的语调和语言，并且语速也要掌握好，这样将自己的姓名、个性、特长等内容全部或部分介绍给对方，让对方感觉到你的朴实、机灵、自信，同样会给人留下好印象。

大家好，我是雨天，因为刚好出生在雨天，老爸又刚好姓夏，于是就叫“下雨天”了。

我为人热情大方，有朋友还说我挺幽默，呵呵……我比较喜欢烹调，如果大家不介意我们可以切磋切磋，如何煮方便面才能不糊锅！呵呵，开个玩笑。我也是个文学青年，偶尔读读美容杂志，看看娱乐八卦。我也经常参与一些体育锻炼，比如爬山、游泳、打羽毛球。呵呵，我算不算爱好广泛呢！不过我自己还是比较认同的哈。除了上面的特长，我毛病也挺多的，比如爱睡懒觉、爱上网、爱嘻嘻哈哈地和人打闹。如果有不介意的朋友可以找我哈，我也很热衷交朋友呢。

这是在一次联谊会上，夏雨天的自我介绍。活泼幽默的语言让人印象深刻，一下子就和陌生人拉近了距离。

当然，社交活动的环境和氛围不同，我们一定要选择不同的自我介绍方法。有些场所，要求自我介绍简洁、干练；而有些场所，你越是机灵、俏皮，越是能体现出你的幽默和豁达，越是能深得人们注意和喜欢；有些场所，一定要严肃而且严谨，所以要随场合的变化而灵活的运用。下面是一位求职者在应聘教师职位时的自我介绍：

我叫尤丽丽，今年 27 岁，毕业于北京师范学校。在读师范时，我十分注重自身的全面发展，广泛地培养自己的兴趣爱好。我除了擅长绘画和书法外，还会唱、会跳、会说、会讲。可是，我毕业的时候正好赶上国家对大学生不再包分配，使我错过了“太阳底下最光辉的职业”。幸好，当时我家乡的一个小学师资不足，经人介绍，我就在家乡的小学做起了临时代课教师。

回想起那段时光，真是又甜蜜又美好，虽然代课老师的工资不高，但我很喜欢和学生们在一起。我原想，如果学校需要我，即使当一辈子代课教师我也愿意。不料，第二年，学校开始清退临时工和代课老师。得到消息以后，虽然有万般的不舍，但我还是悄悄地离开了学校。

之后，我开过铺子，先是经营百货，后又经营服装。但不论生意做得如何顺手，我还是无法放弃做一名光荣的人民教师的心愿。

如今的我，历经重重的生活考验，虽然在年龄上比我的竞争对手少了优势，但是我却更多了一份成熟和自信，多了一份对孩子的爱心、耐心和责任心。

今天，假如我通过了面试，顺利成为一名人民教师，我将更加努力学习，努力工作，为家乡的教育事业作更多的贡献，绝不会辜负“人类灵魂的工程师”这个光荣的称号。

作自我介绍的时候，一定要记得微笑，如果你一直板着一张脸，首先在面部表情上就让人产生了距离感，你就是说的再好，都不会有预期的效果。你要记住，其实面部表情也是一种语言，是首先拉近人与人距离最直接的语言。

除了注意表情，下面就要注意你的表达了。一般来说，独特而简短的自我介绍最招人喜欢，会让对方牢牢地记住你，而且记住的也一定是正面形象。作自我介绍的时候，切忌用背诵的口气，一定要放松。形态上你自然大方一点，表达出来的语言自然也就不会太拘束。自我介绍不是让你背课文，因此你要注意语调、声线。就和平时与人交谈一样，只要你的语气平和，语调自然，表达出来的效果也就越接近你预期的效果。

作自我介绍的时候，千万不要啰里啰嗦说了一大堆，但是到最后别人还不知道你到底是谁，你有什么兴趣爱好和特长。你要巧妙地把你的爱好、特长安插在一些你故作的幽默片段里。你也可以适时地引用别人的言论，或者朋友老师对你的一些评价，这样便于大家记住你。尽量少用虚词、感叹词之类，也千万不要自吹自擂，这样的人是最容易让人产生厌恶的心理。

最后你要记住一点，你可以用你的肢体语言、表情语言来表示你的友好。有时候，大家在听你的自我介绍的时候，不一定会很关注你在说什么，但是你在肢体、表情上所传达给人的好或者不好的印象，留在大家心里的印象却非常深刻。

因此，只要你能掌握以上自我介绍的技巧，或者避免一些经常会犯的错误，作一番良好的自我介绍应该不会有什么问题了。

3. 如果你不知道谈论什么，就让对方谈论他自己

一个人要想在社交方面有所突破，就要学会并且加强与人的相处和沟通。然而，如何才能做到有效的沟通呢？其实，平时注意一下谈话的

细微小节，和人沟通就不是难题了。

我们要明白一点，与人交谈时，我们要学会以对方感兴趣的话题为话题，让对方成为谈话的主角。我们不仅是谈，还要听。将心比心，如果是你和某人在闲聊，你是不是喜欢围绕自己喜欢的话题来说。是的，别人同样如此。

在每个人的心里，自己是最重要的。如果你们的谈话脱离了这个中心，越走越远，那么你们也就越来越没有共同话题，最后让谈话陷入冷场，或者尴尬境地。相反，如果你能顾全对方，让对方一吐为快，那么，你不但能从谈话中了解到对方的性格、爱好、特长或者家庭等，还能赢得对方的好感，甚至他会赞赏你的口才不凡。

艾达是一位保险推销员，而安其拉是一位上市公司的高级主管。艾达一直有意和他合作，可是她知道这个主管向来反对那些各种各样的保险。他常常表示与其上那些保险，还不如把钱存在银行。

有一次，艾达再次去拜访安其拉，当她走进安其拉的办公室，看到他办公室的墙上挂着好几幅非洲景色的照片，她立刻说："这些照片好漂亮啊，都是你去非洲拍的吗?"于是，安其拉开始讲解这些照片的来处，并且还说了一些照片中有趣的特点。

当他们谈论得非常热烈的时候，艾达把话题扯到了保险上。艾达请他谈谈为什么对保险那么排斥，于是安其拉侃侃而谈他对保险的不满之处。在他说这些的时候，艾达能够同意的地方就表示同意他的看法，并且尽可能地提出问题来请教他，并让他尽量发表意见。

在谈话之中，艾达告诉安其拉，她是一个"保守"的人，并且说："我认为，一个人不应该长久地被工作所拖累。当你积累了一定的资本的时候，可以做些自己想做的事，比如环球旅游，发展自己的爱好，等等。这一点如果有保险做后盾，就可免去后顾之忧。"原本安其拉就是个爱好旅行的人，这使得他又有新题目可以发挥了。他们的会面超过了预定时间 20 分钟，直到安其拉的属下开始按铃催他去开会，他们才意犹未尽地分开。

第二天，安其拉便打电话给艾达，要求购买一份养老保险，并且，他还推荐别的主管也去购买艾达的保险。

其实，在生活中，类似的例子很多，只要你能围绕着别人感兴趣的话题说，那么这样的谈话就能够顺利地进行；并且，也因此让你在社交活动中处于主动，让你更进一步地达成一些你原有的目的。

如果我们把视野放宽一些，就更容易明白，礼仪首先就是要尊重他人，包括尊重上级、尊重下级、尊重同事、尊重普通人，尊重自己的朋友、亲人。而在社交场合就更要抓住这一点，让体现一个人的素养的礼仪成为你们相互交流的前提。

交谈是人们交流思想和表达感情最直接、最快捷的途径，是交谈人员的知识、阅历、才智、教养和应变能力的综合体现。因此，当社交体现在人与人相互的交谈上，它不仅需要较强的语言表达能力，而且更需要尊重对方、谦虚礼让、善解人意等，这是一种在交谈礼仪上最容易突出修养的过程。

事实上，即使是我们的朋友，也宁愿对我们谈论他们的成就，比听我们吹嘘我们的成就好得多。

卡耐基说：“说话时，如果能使对方谈到他感到有兴趣的事情，就表示我们已经很巧妙地吸引了对方。接着，我们再以问答的方式诱导对方谈论有关他个人的生活习惯、经验、愿望、兴趣等问题。”我们都知道，一个人最愿意谈论的而且也是最关心的话题，莫过于他个人的一切事情。只要你肯花一点时间，让对方畅所欲言地叙述他自己的事情，那么，他就有可能成为你的莫逆之交。

乔治是卡耐基所有书籍的忠实读者，所以也非常奉行卡耐基的交际原则，尤其对卡耐基说的“一个人最愿意谈论的而且也是最关心的话题，莫过于他个人的一切事情”这句话深信不疑。

他知道自己有个毛病，那就是如果让他来谈话，常常会把话题扯远了。为了提醒自己不要忘记这项原则，他在公文包里贴了一张漫画，上面画着一个小人，有一副非常夸张的大牙齿，还有一张同样夸张的大嘴巴。

每次他打开手提包，首先看到的就是这张夸张的漫画。他在上卡耐基的一堂课时说：“那个时候，我想得到一家大公司的合同。我们去拜访采购部门的人，我只是提出问题而让人家去说个不停，这样我就知道他要什么。事实上，就是因为我让他谈话，又注意听他谈话，才使他乐意和我签下合约。”

人际关系原则有一条是让别人多谈，这是每个推销员都经常使用的一种方法。当然，在我们的日常生活中也是如此。试想，若某人在你面前总是说一些你对之不了解，也没兴趣的东西，最初出于礼貌，你总是微笑，到后来，如果对方一直这样下去，你就会对对方有了另外一种看法，甚至对对方产生了排斥心理。如果你能意识到这点，将心比心，你便会很轻松地走进这座沟通的艺术课堂。

4. 与对方分享一点无关紧要的秘密

无论是在社交活动中还是在工作中，我们能够拥有的最完美的形象一定不能忽视这一点，就是不管在上级、下属、朋友之间都要突出自己的亲和力，只有这样的人才让人觉得平易近人、受人爱戴。

然而，如何体现你的亲和力呢？一个心思慎密、做事严谨、紧闭心扉的人，总会给人这样一种错觉，让人觉得你是个城府很深、有心机、不可琢磨与亲近的人，那么这样的人就一定不具有亲和力了。相反，如果你能适度地把自己心里那些无关紧要的小秘密拿来和朋友分享，这样，自然就会赢得对方的好感，让人更相信你，也更喜欢接近你。

林倩佳刚毕业的时候，找了好几个工作都因为与同事相处太过压抑而离职了。于是她找到自己的闺中好友彤彤诉苦。她说她在工作上算是比较顺手了，但是，在每一个公司都呆不上两个月，就会觉得特别累，与人相处太过生硬，其中缺少了朋友间的亲密。

其实说起来，林倩佳在生活中也基本上没有什么朋友，她自认为说话做事都很守信，但是就是无法与人适当地拉近距离。彤彤问她："你对别人说话也像对我这么说吗？"林倩佳想了想说："没有。与任何人我总是以礼相对，也很少说些自己的事。"彤彤说："这就结了，问题就出在这里。一个人总是一板一眼的，谁也不敢太接近你，生怕在你面前说错话惹你生气。如果你能像和我一样和别人说话，别人就会愿意接近你了。"

林倩佳半信半疑，但还是按彤彤说的去试试。在找到下一家公司的时候，她发现办公室有个女孩和自己的爱好很接近，于是她便有意主动去接近她。一段时间后，林倩佳觉得女孩为人比较踏实、善良，于是就像和彤彤相处那样，偶尔会主动把自己的一些小心事、小秘密说给对方听，对方也觉得自己有种被信任感。后来，时间长了，她们不仅是好同事，更是好朋友。在工作中，有这样一个人相伴，她也再不会觉得压抑而换工作了。

通常情况下，隐私是一个人最不愿为他人知晓的秘密。只有在自己充分信任对方，把对方当成自己亲密的朋友时，才会向对方透露。因此，我们要想拉近与别人的距离，不妨和对方说一些无关紧要的小心事、小秘密。这样，对方会认为他是你最值得信任的朋友，因此在与你相处的时候，就多了一些自然和亲和。

另外，除了与朋友分享秘密之外，会做生意的高明人和对方在谈合作的时候，会适当地给合作伙伴透露一点自己的隐私或缺点，因此让对方感到这个人很真诚，增加对其的信任感。那么在生活中也一样，适时地透露自己的一点隐私，也可以博得他人的信任。

三木武吉曾经是日本很有名的政治家。二次大战后第一次竞选时，他曾到川备县的高松市去演讲。当他讲到“战后的日本怎样才能马上恢复建设”时，突然，听众席中传来一个妇女的喊声：“喂，三木武吉，你不是娶了6个老婆吗？像你这样的人怎么能治理好日本呢？”

三木武吉听后没有惊慌，他镇静自如地回答道：“这位女士，确实如此，我年轻时是个享乐主义者，娶了好几个妻子，而且战争中也常带着她们东躲西藏地避难，这可以说是男人的劣根性。但现在，她们都已经人老珠黄，不中用了。如果我把她们抛弃了，今后谁来养活她们呢？还有一点你说的不正确，是7个，不是6个。”听了他的回答，全场立即响起了热烈的掌声。选举的结果是三木武吉以压倒性高票当选。

在这里，三木武吉适时透露了自己的隐私，使选民们的反感情绪变成了对他的亲切感和好感，从而获得选民的支持，最后大获成功。

心理学家告诉人们，当人们发现著名的人物也有许多隐私时，不知不觉中，原来的那种挑战或者敬畏情绪都会得到缓解甚至消失，以致产生对方非常容易亲近的感觉。

生活中，我们试想一下，如果你把自己打扮成神秘的角色，对自己的隐私完全隐瞒，那么对方肯定认为你并不信任他，认为你没有把他当成朋友，没有把他当成知音，自然而然地，对方不会亲近你，更不要提办事情了。

然而，你一定要注意一点，不把自己的秘密全盘告诉对方是为人处世的规则。这不是说让你不去信任人，只是人际关系本来就有些复杂，你要想确保万一，就要多留个心眼，凡事做到适度。

千万不要因为心里的焦虑，而把一些不该说的心事都抖搂出来，这样不仅在人际当中起不了调和作用，还让人以为你不自重，甚至觉得你只是乱发牢骚，更糟糕的是，有可能在某种情况下让你陷入尴尬境地。这就好比是亲手为自己埋下一颗炸药。切记在任何情况下，都要逢人只说三分话，未可全抛一片心。

与人分享自己的心事或秘密，本是为人际交往中注入一份有利双方和谐相处的润滑剂。因此，我们一定要把握好分寸，否则润滑不成，弄得满身是油可就不妥了。

5. 掌握几种融洽交谈气氛的技巧

在人际交往中碰到陌生人的时候，起初大都会感到不自然，彼此之间好似隔着一道铁门，不知道如何融洽交谈。这个时候，如果能找到一些话题来打破僵局，缓和气氛，就能使交谈双方轻松自如，从而进入融洽的谈话气氛中。

掌握不了说话的技巧，就不会在社交场合与人交谈自如。而说话的技巧，有时候恰恰是实话实说。在现实生活当中，学会说让别人爱听的话是至关重要的，这也是任何一个人都不可以忽视的问题。因为你可能在晚宴觉得自己因为害羞而与这种宴会格格不人。或是刚好相反，你认为许多人讨厌这种聚会，但是别人很喜欢。

无论如何，都应该将你的感受向第一个似乎愿意听的人说出来，这个人可能就是你的知音。坦白地说出“我在这里一个人也不认识”或“我不知道该讲些什么”，总比让自己显得拘谨冷漠好得多——最健谈的人就是勇于坦白的人。

在一次晚宴上，谢然经朋友介绍跟一个电脑专家相识了。谢然也算是某公司的知名人物，通常对这类的访问都应付自如，但当他发现自己这次不知如何开口、结结巴巴时，简直大吃一惊。最后谢然说：“不知为什么我对您有点害怕。”电脑专家听完哈哈大笑，随后两人很自然地谈了起来。

人们往往千方百计地想使别人注意自己，但大部分的“成绩”都令人失望，因为他不会关心你、我，他只会关心自己。因此，以对方作为谈话的开端，往往能令他人产生好感。赞美陌生人的一句“你的衣服色泽搭配得真好”“你的发型很新潮”，能使他快乐，而且缓和彼此的生疏。也许，我们大多数人都没有说这话的勇气，不过我们可以说“您看的那本书正是我最喜欢的”或是“我看见您走过那家便利店，我想……”

张鑫生性腼腆、木讷，很少出声，永远引不起大家的注意。所以，尽管她工作勤勤恳恳，可在公司里总是不受重视，几年如一日地待在当初的位置上。

有一次，老板请客户吃饭，带张鑫一起去。他们提前到了某个餐厅等客人，坐下后，两人寒暄了几个问题，就陷入了沉默。张鑫感到，这种大眼瞪小眼的气氛简直让人窒息，一定得说点什么打破僵局。可是她从来不和领导打交道，实在不知道从何谈起。

突然，张鑫瞥见老板脚上穿着一双锃亮的皮鞋，非常显眼，于是就说："老板，你这双鞋子很有品位，在哪里买的？"

原本只是没话找话，但老板一听，顿时眼睛放光："这双鞋啊，我在香港买的，世界名牌呢！"老板的话匣子一下子打开了，开始滔滔不绝地讲述职场人在服装搭配上要注意什么，还善意地指出张鑫平时在工作中着装的不足，两人言谈甚欢。

直到客人来的前几分钟，老板还意味深长地说："张鑫啊，看来以前对你的了解太少了，今后你好好干吧。"

人人都爱听赞美的话，并且人人都喜欢以自我为中心去谈论自己。那么，你若给他这种发挥的机会，便会使交谈得以顺利地进行。

另外，如果你是一位沟通高手的话，那么你就应该明白，除了自己去说，还要让别人说。你要学会倾听，并不时地引导别人，让别人主动说一些他感兴趣的话题，这也是一种沟通技巧。

首先，倾听别人说话本来就是一种礼貌，愿意听表示我们愿意客观地考虑别人的看法，这会让说话的人觉得我们很尊重他的意见，有助于我们建立融洽的关系，接纳彼此。

其次，鼓励对方先开口可以降低谈话中的竞争意味。我们的倾听可以培养开放的气氛，有助于彼此交换意见。说话的人由于不必担心竞争的压力，也可以专心掌握重点，不必忙着为自己的矛盾之处寻找遁词。

第三，对方先提出他的看法，你就有机会在表达自己的意见之前，掌握双方意见一致之处。倾听可以使对方更加愿意接纳你的意见，让你再说话的时候，更容易说服对方。

在听对方说话的过程中，对出现精辟的见解、有意义的陈述，或有价值的信息，要以诚心的赞美来夸奖说话的人。例如“这个故事真棒”或“这个想法真好”“您的意见很有见地”等。因此，如果有人做了你欣赏的事请你应该伺机奖励他。仅仅是良好的回应就可以激发很多有用而且有意义的谈话。

传奇人物约翰·洛克菲勒的座右铭是：“让别人说吧。”可见，倾听是交际口才中非常重要的环节。

在西方国家口才的好坏被视为衡量人才的客观尺度。要提升、任命一个人，首先要考察的就是其口才如何。在美国，受过高等教育而缺乏口才会被认为是一种缺陷。由此可见，口才的作用堪称生存和竞争的一大战略武器。那么，掌握好这个战略武器的人，自然就威力无穷，能说不是人才吗？

确实，在我们的现代化进程中，急需各种专门人才。试想，倘若这些专门人才又都同时具备口才，那我们完全可以断定，他们在将来的岁月里，定会更好地施展才华，建功立业。

6. 场面话可说，不可尽信

“场面话”是人们在应对各种关系时必须说的话。在交际场合中，会说“场面话”的人，不但能赢得别人的友谊，还有助于自己更顺利地办事情。可见，说场面话也是一种生存智慧，说场面话是非常必要的。

不过，场面话该说的时候要说，但千万别老实巴交地把别人说的场面话都信以为真，这样只会错过其它的机会，为自己带来麻烦。

一般来说，“场面话”有以下几种。

当面称赞人的话。例如，称赞你年轻有为，事业有成；称赞你的爱人大方、漂亮、知书达礼；称赞你的孩子机智聪明、活泼可爱，等等。这种场面话，有时候说的也是实情，但有时为了让你高兴，故意夸大事实。虽然有时候让说的人也觉得不自然，但只要不太离谱，听的人十之八九都感到高兴。

当面答应人的话，诸如“你放心，我会尽全力帮忙”“你看你说的不是见外了，有什么问题尽管来找我”等，这种话有时是不说不行，因为求人办事的人，往往运用了人情压力，若你当面拒绝，场面会很难堪，而且会马上得罪人。

或者，有些人更加孤注一掷，你不答应，我就不走。碰到这样的人，只能用“场面话”先打发，能帮忙就帮忙，帮不上忙或不愿意帮忙再找理由，总之，有“缓兵”的作用。

所以，很多时候“场面话”想不说都不行，因为不说，会影响你的人际关系的正常进展。但是，我们要将心比心，对于别人敷衍你的“场面话”，那就只能用冷静和客观的态度对待，千万别为两句好话就乐昏了头，轻则，为此影响你的自我评价，重则，上当受骗也未可知。

所以，对于那些拍胸脯答应为你办某些事的“场面话”，你只能做最坏的打算，抱最小的希望，以免希望越大，失望也越大。事实上，有些场面话也容易辨别。事后，你可以求证一下，当你问及对方此事，如果对方言辞闪烁，或避不见面，或避谈主题，那么对方说的就真的是场面话了。所以对这种场面话，也要有清醒的头脑，不然可能会坏了大事。

另外，在生活中，我们切记不要“耳朵根子太软”，盲目地听信别人。有些人见你在工作中不大顺心、怀才不遇，就“好为人师”地劝你该如何争权和争表现的机会；也有些人见你在感情上不大顺心，婚姻出了问题，便提醒你该如何经营、如何掌控……他们不但劝，有时还拿一堆资料给你，有时还主动牵线，让你觉得不照着做，仿佛自己是个罪人，伤了他的心。

然而，这个世界上口蜜腹剑的人有很多，好心办坏事的人也不少。对于他人的“指导”还是不要转照办为好。

《红楼梦》里的王熙风是出了名的“明里一盆火，暗里一把刀”，表面上对尤二姐客套亲切，背地里却把她置于死地。所以，当我们与这样的人交往时，应多注意他周围的人对他的反映，与这样的人或许在短期交往中很难发现这种性格特征，但接触时间长了便会清楚明白了。这个时候就一定要远而避之，不然他会令你大吃苦头。

生活中两面三刀者太多，他们通常喜欢采取各种欺骗方法，迷惑对方，使对方落入陷阱，达成自已的企图。这类人会给你带来无尽的麻烦和灾难，所以在交友时一定要时刻提防这类人。

而那些生性老实的人们，千万不要被这些小人的片面之语所迷惑。小人本就善多变，为了私欲，随机应变，见风使舵，是地地道道的变色龙。我们应提高警惕，对这样的人“敬而远之”才是真正的防备之策。

7. 故意揭别人的伤疤，伤人又害己

每个人都有一根敏感神经，也就是不为人知的“老底儿”，比如一些缺点、不足、曾经的尴尬、旧痛伤疤、别人不高兴谈的话题，等等，它是人际交往中的一块“雷区”，如果你踩到了，很可能炸伤自己。因为几乎没有人希望别人提及自己的隐私、痛处、禁忌，当别人提及这些并大做文章时，相信谁心里都不会舒服。

所以说，如果你想得到别人的欣赏、帮助和友谊，就应该多提别人

的优点，而不是触摸他那根敏感神经，提及对方的缺点，揭穿对方的旧伤。

李锋与吴雪平是小学到大学的同学，又在同一座城市工作。有事没事两人相互打个电话，遇到什么不顺心的事都会找对方诉说。

可是，吴雪平长得挺漂亮，说话却总是口无遮拦。小时候，因为李峰不爱讲卫生，吴雪平就总是直言不讳地说："李峰啊，你该洗洗你的手了，再不洗，就可以和煤球比黑了。"引得同学一阵爆笑，却让李峰非常尴尬。长大后，李峰很忌讳别人提及他小时候那些丢人事。

有一次同学聚会，吴雪平跟大家聊天时扯到了小时候的一些话题，她说："李峰小时候特别不爱干净，有了鼻涕用手一抹就行了。"

同学听了哈哈大笑，李峰的脸色一下子阴暗下来。有人觉察到就对吴雪平使眼色，但是吴雪平根本没有领会其意，还继续聊着，并且越聊越起劲。李锋更是脸色苍白，顿时无语，对吴雪平怒目而视。尽管李锋最终还是控制了自己的情绪，但是对吴雪平感到很反感。

之后，李锋很少再给吴雪平打电话聊天，就算吴雪平主动打来电话，他都会爱理不理。

为了活跃气氛、缓解工作压力，人们难免会在某些时候开开玩笑。可有些人常常开起玩笑来就忽视了他人的感受，把别人的缺点、隐私也一并用玩笑抖搂出来，这样虽然也能博得一部分人的欢心，却伤害了另外一部分人。

揭人隐私、讥人之短的作风不足取。朋友、同事之间无伤大雅的戏弄倒是无妨，但应避免碰触对方禁忌。比如，不取笑他人的生理缺陷，如驼背、断足、麻脸等；也不要笑别人考试不过关，做生意倒了霉，或别人衣衫褴楼……否则若因此遭到误解，使对方受到深刻的伤害，反而会造成反效果。

无论你是有心也好，无意也罢，在待人处世中揭人之短，轻则影响双方的感情，重则导致友情的毁灭。所以，还是俗话说得好：“打人不打脸，揭人不揭短。”要想与朋友和谐相处，就要尽量体谅他人，维护他人自尊，避开言语“雷区”，千万不要戳人“老底儿”。

若是我们能做到知己知彼，了解对方的长处和短处，以及对方的忌讳之处，那是最好。在与朋友接触时，可以多夸他的长处，毕竟好汉愿提当年勇。如果你对一个人不十分了解，也不知道对方的忌讳是什么，说话就要谨慎，千万不要拿对方不光彩的事做文章，因为那等于在别人的伤口上撒盐，是让人难以忍受的。

有一次，丈夫下班回家关门的声音太响，妻子听见后就对他说：“不想回家就别回来，别一回来就摔门。”于是，两个人就开始互相指责对方的不是，没完没了地吵起来。

心情本来就不好的妻子见丈夫对自己有那么多不满，心想：“工资没我拿得多，大部分家务也是我来做，还这样说我。”于是更火了，尽拣难听的话说。

“你有本事别让我们住这破房子啊！你有什么本事还好意思说我，就有被同事算计的能耐，被自己的‘铁哥们’给陷害了，还蒙在鼓里，还给人家帮忙。真怀疑你是不是长了个猪脑子！”

丈夫听了这些话非常受刺激，被自己的朋友利用已经够难过的，原本这些事已经过去了，妻子却还在这个时候提起，当即摔门而去，直到半夜才醉醺醺地从外面回来。

夫妻双方吵架是不可避免的，但聪明的人会掌握分寸，绝不会揭对方的短，因为他们知道“哪壶不开提哪壶”式的揭开曾经的伤痕只会让争吵的强度升级。

有些人常常一激动或生气，在讲不出道理的时候，就轻易揭对方老底儿，于是，矛盾就由此激化。就像夫妻吵架那样，往往是因为互揭对方的疮疤，才导致一发不可收拾。例如妻子口无遮拦地脱口说出："你过去做了……"丈夫恼羞成怒，恶语反击："你也不是省油的灯，当初……"于是，一场恶战就此爆发……

揭别人伤疤，会让别人勾起一段不愉快的回忆，继而让对方感到寒心，寒心的不光是因为旧痛，更因为对方过于纠缠自己的曾经，会有这样的心理："都已经过去的事情了，现在还抓住不放，真是太过份了。"

《菜根谭》中有句话："不揭他人之短，不探他人之秘，不思他人之旧过，则可以此养德疏害。"要杜绝自己揭人疮疤的行为，除了知晓利害关系，提高自控能力外，还须完善自己的人格修养。在多管齐下地努力后，相信你会多考虑朋友的内心感受，从而杜绝揭穿对方老底儿，使友谊之路更加顺畅。

8. 开玩笑别过火，哪怕是愚人节

朋友在一起聊天，说着说着就开起了玩笑。很多人开起玩笑来，没深没浅，没轻没重，甚至喜欢拿朋友的短处来开玩笑，自认为那样很能调动聊天气氛。其实那样很容易伤害朋友的感情，即使朋友当面不提，但内心肯定会不好受。

所以，有些过来人就劝我们，玩笑可以开，但也要分人、分时、分场合、分内容，千万不要把自己的快乐建筑在别人的痛苦上；即便是愚人节，也不能口无遮拦，肆无忌惮。若你不懂尊重别人，以侮辱对方的人格取乐，对方不高兴，自己心情也不会好到那里去，弄不好还会给自己招灾引祸。

不可否认，开玩笑有利于拉近和朋友、同事的距离，增进团结、友谊。但是，开玩笑也要遵守基本原则，对别人要有最起码的尊重。

总而言之，开玩笑要把握分寸，把握度。所谓玩笑玩笑，笑了才好玩。只要你能把握好限度，适当开开玩笑，会拉近与朋友、同事的距离。但如果没有分寸乱开玩笑，你就会失去朋友或同事的友谊。

尤其是那些职场人士，更不能在办公室随便开玩笑，因为这里本来就是个无风还起三尺浪的地方，一定要注意开玩笑的艺术，哪怕是最轻松的玩笑话，都要注意掌握分寸。如果能记住以下的禁忌，你还是可以挥洒自如地开玩笑的。

首先，不要以为你很熟悉对方，就可以随意取笑对方的缺点。人往往对自己的弱点都十分在意，倘若对方比较敏感，觉得你是在冷嘲热讽，那么你会因一句无心的话而触怒他，以致毁了两个人之间的友谊，或使同事关系变得紧张。同时，这种玩笑话一说出去，是无法收回的，也无法郑重地解释。当所有人都来指责你的时候，你会百口莫辩。

其次，职场中人要记住，最好不要开上司的玩笑。上司永远是上司，不要期望在工作岗位上能和他成为朋友。即便你们以前是同学或是好朋友，也不要自恃过去的交情与上司开玩笑，特别是在有别人在场的情况下，更应格外注意。

段玉红是个聪明的女孩。她脑子快、言辞犀利，还有丰富的幽默细胞，是公司的一颗“开心果”。但如此可爱的段玉红，却得不到老板的青睐。

段玉红工作非常努力，有时为了赶时间，一大清早就要赶到客户那里谈业务，满身疲惫地回到办公室，老板不仅不体谅，还不分青红皂白地说她迟到、旷工，怎么解释都不行。段玉红委屈极了，向朋友诉苦。朋友反问她："你平时有没有在言词上对老板不敬啊？"

段玉红如醍醐灌顶一般！原来，段玉红平时就爱与同事开玩笑，后来看老板斯斯文文，对下属总是笑眯眯的，胆子一大，就开起了老板的玩笑。一天，老板一身簇新地来上班了，灰西装、灰衬衫、灰裤子、灰领带。当着众同事的面，段玉红夸张地大叫一声："老板，今天穿新衣服了！"老板听了咧嘴一笑，还没来得及品味喜悦的感觉呢，段玉红接着来了句："怎么像个大灰狼！"老板的脸马上就僵了，转头就走了。

她原本是想和老板套下近乎，没想到却弄巧成拙。在我们的生活中，这样的事例不在少数。在当事人眼里，这不是开玩笑，而是作弄人。我们要明白，捉弄别人是对别人的不尊重，会让人认为你是恶意的，而且事后也很难解释。它绝不在开玩笑的范畴之内，轻则会伤及你和同事，上司之间的感情，重则会危及你的饭碗。

此外，不要和异性同事开过分的玩笑。如果分寸把握得好，异性之间开个玩笑可以调节紧张的工作气氛，也能缩近彼此间的距离；但切记异性之间开玩笑不可过分，否则容易弄巧成拙，引发一些尴尬。

最后要切记，在一些严肃、安静的场合，不要开玩笑；在悲哀的气氛中，也不能开玩笑。我们尽量选择在别人心情舒畅时开玩笑，或者当别人因小事生气时，通过开玩笑把对方的情绪扭转过来。开玩笑的内容不能庸俗，一定要在风趣幽默的同时保证健康高雅。

好了，如果你能掌握以上开玩笑的原则，那么你也能做一个成功的玩笑达人了。

9. 与人为善，别让幽默变成嘲讽

幽默是生活中人与人相处的清醒剂、润滑剂、缓冲剂。它像一座桥梁拉近了人与人之间的距离，使不熟悉的人变得更亲近，以最快捷的方式沟通感情，融洽气氛，使熟人之间的矛盾得以轻松化解。同时，幽默还表现出一种诙谐，一种才华，一种智慧，使人们能置身于轻松有趣又能领悟哲理的环境当中。

因此，幽默成为大家共同追求和推崇的一种品质。因为有了幽默，枯燥的生活才变得妙趣横生，繁忙的工作才变得不那么乏味。可是，幽默虽然有诸多好处，但也要用的恰到好处才行。否则，如果把幽默变成嘲讽，不但起不到积极的作用，反而因出言不慎，轻则弄得彼此间尴尬，重则会导致朋友、同事间关系的决裂！

若彤生性活泼，为人处世也很机警、幽默，但就是有些时候，说话口无遮拦，没有顾及，因此也得罪了不少人。

就拿最近他和好朋友、好同事张景天来说吧，他们在同一家公司上班，两人经常在一起，所以导致张景天经常成为若彤的打击对象。

张景天因为受母亲的遗传很小就开始掉头发，尽管到处求医，花了不少钱，可现在头发还是脱落得差不多了，稀疏的头发下能明显地看到一片片头皮。为此，她不得不买假发戴上。

为此，若彤常常自以为幽默地拿张景天的头发开玩笑，说她戴了一顶“皇冠”，有时还建议她去给假发染发……

张景天一直很反感，但由于是好同事，她也不好发作翻脸，有时笑笑，有时说对方两句，大多数情况下只好忍着，但心里却异常痛苦。

有一次，单位搞聚会，若彤非要给张景天的假发梳辫子，这分明就是在难为张景天。虽然张景天一再拒绝，但是，若彤并没觉察到自己的过分，当着众人的面，强行给她扎起了小辫。情急之下，张景天当场就跟若彤吵了起来。从此，两人便彻底断绝友谊了。

有人说，在生活中，爱开损人玩笑的人一定是热衷于挑刺的人，这类人往往被视为“刻薄”，容易引起他人反感。若你本身就是这种人，如果想在别人面前留下好印象，就要努力克服自己的人性弱点，学会宽容，学会发掘别人的优点，慢慢改变“刻薄”的形象。若你原本是心存善意，只是为了调节气氛，那么在开口之前先过一遍自己的大脑，否则你一句无意的话却给别人带来不必要的伤害。

夏娟人很聪明，心地也好，就是说话嘴上没把门的，同样都是一句玩笑话，从她嘴里说出来，就感觉好像变味儿了，一不留神，就把别人给惹怒了。

有一次夏娟和同事们在一起聊天，一个挺丰满的女孩说：“杂志上讲其实我们每个人的身体真正需要的营养比实际摄入的要少很多，发胖在很大程度上是因为没管住嘴。”她听到这后接着就说：“是啊，这文章标题应该叫《活该你胖，谁让你吃那么多》!”胖女孩听了，虽然不快，但也没说什么。

为了扭转话题，一个同事说：“女人都有买了衣服不穿搁着或者送人的权利。”夏娟听了，自以为幽默地接过话头说：“傻！今日焦点是胖子都有流哈喇子的权利。”把胖女孩说得无言以对，尴尬之至，只好悻悻离去。

在现实生活中，更多的人是接受一定程度的玩笑的，但是也抗拒某种特定类型的玩笑。这种情形往往与个体内在压抑的心理创伤相关。那个玩笑如果碰到对方的内心创伤点，激起的是压抑的痛苦记忆，因此即使平时很随和的人，也可能会被某种玩笑激怒。

李梅所在的工作环境平时总是气氛太过严肃和沉重，李梅觉得待在办公室让人感到压抑，于是生性活泼的她便经常会跟同事展示她的幽默，使大家紧张之余会心一笑，让办公室的氛围变得轻松一些。

办公室有个说话结巴的男孩，平时说话很正常，但每次一到开会的时候，就会紧张得结巴。男孩脾气很好，平时几乎都不生气。有一次，李梅当着大家的面模仿他结巴的时候说话，同事们被逗得前仰后合。虽然当时男孩没有表现出不悦的神色，但自那次之后，李梅发现他都尽量避免和自己说话，做什么似乎也不愿和自己有任何交集。这下李梅才意识到，自己那天的玩笑挫伤了对方的自尊。

喜欢开玩笑本没有错，但是一定要避免人身攻击。玩笑一定要注意内容健康，风趣幽默，情调高雅。因此如何与同事开玩笑和应对玩笑，实在是一门很不简单的生活艺术啊。

荀子说过："言语之美，穆穆皇皇。"意思是语言的魅力在于美好而正大。而美好正大的语言，必然是让人开怀的。幽默的目的是逗人发笑，与人为乐，调剂人际关系，不是不顾场合的挖苦和嘲讽。

幽默是思想、学识、智慧和灵感的结晶，是一瞬间闪现的光彩夺目的火花。凡人的幽默，可以使愁眉不展者笑逐颜开，也可以使泪水盈眶者破涕而笑；可以为懒惰者带来活力，也可以为勤奋者驱除疲惫；可以为孤僻者增添情趣，也可以使欢乐者更加愉悦。

可见，幽默的初衷是如此美好，我们一定要严加把关，适当运用。用你的幽默来体现你的文化素养和丰富的文化内涵，折射你的美好心灵，这样具有魅力的人谁不喜欢呢？

第 7 章

Chapter7

别在牛角尖里闷死，也别见风使舵谋私利

做人踏实、本分、待人诚恳、坚持原则本没有错，但是，有些人太认死理，爱钻牛角尖，这就显得有些呆板和迂腐了。事实上，我们虽不建议人们常常见风使舵、为谋私利不折手段，但也不提倡做人不懂变通，一根筋到底。

1. 做人不要“一根筋”

我们都知道，做人踏实、本分、待人诚恳、坚持原则本没有错，但是，有些人太死脑筋了，就是我们所说了一根筋到底。他们总是抱着一个所谓的原则，无论前方的路是否走得通，固执地非要坚持到底，结果撞到南墙，碰得头破血流。

有一则脑筋急转弯这么说：“一个人要进屋子，但那扇门怎么拉也拉不开，为什么?”答案是因为那扇门是要推开的。

生活中，我们常常会犯这种只知拉门进屋，不知推门的错误。其中的原因很简单，就是我们有时遇事只抱着“一根筋”，不会变通。有时候，周围的环境变了，我们却不知变通，还在固执一端，钻牛角尖，认死理，结果却闹出笑话来。

《吕氏春秋》里记载：楚国有一个人搭船过江，一不小心，身上的剑掉进了河里。同船的人都劝他下水去捞，但他却不慌不忙，从身上拿出一把小刀，在剑落水的船边刻个记号。有人问：“做什么用啊?”他回答说：“我的剑就是从这个地方掉下去的，我作个记号，等会儿船靠岸时，我就从这个记号的地方下水去把剑找回来。”船靠岸时，他就这样去找剑，结果自然没有找到。

刻舟求剑，是一种刻板的、不知变通的思维方式。有时候我们的思想就像那个刻舟求剑的人，环境已经变了，而我们却还守在原来的地方，以为这样坚持就能找到那把剑。殊不知，这不过是自己愚蠢的固执罢了。

有一只美丽的鸟儿，生来有一双健全有力并且美丽丰茂的双翅，但是自从出生以来，每天只让双脚在有限的地面跳跃行走，却从来不曾试着展开翅膀翱翔天际。

其他的鸟类同伴在天空上见到这般光景，实在很不忍心，纷纷飞降下来，劝它放弃这种跳跃的方式，应该运用它的翅膀，可以飞得又快又高。

可是这只鸟儿却回答说："没有关系，我的双脚很有力，很会跳。"

其实，即使再强健有力的双脚跳跃一整年，也比不上同伴飞翔在天上一个小时所能越渡的距离、所能克服的地形阻碍，以及所能远瞰、综观的广阔视野。

在我们的生活中，人们也常常犯和小鸟一样的错误，喜欢和别人唱反调，又偏偏要固执己见，不肯接受别人的建议，不肯改变自以为是的思想，以为自己是比别人聪明的。

人们常常抱有这样一种看法，认为自己在通往目标的路上虽然遇上了许多困难，但这时只要再坚持一下，成功往往就会到来。

这个看法并没有错，但问题在于，如果我们选择的道路本身就存在着一些难以克服的问题，这个时候就不应该再坚持下去，不要一条道走到黑。或许我们一直抱着这样一个观念：每一个成功人士，差不多在开始的时候都遇到过困难，渡过了难关后，前面就是康庄大道。

其实，如果我们一开始就选择了错误的道路，遇到了困境，还一味死撑下去，我们可能很快就会陷入人生的困境之中。

生活中，我们应该学会变通，学会在山穷水尽的时候转换一下思路，转化一下心情，说不定会"柳暗花明又一村"。变通能让我们少一些郁闷，多一些开心，少些烦恼，多一些幸福。遇事不钻牛角尖，人也舒坦，心也舒坦。

俗话说："变则通，通则久。"只要我们学会变通，许多事情都能变不可能为可能，都能变坏事为好事。

关于皮鞋的由来，据说还有这样一个典故。早期没有鞋子穿，人们走在路上，都得忍受碎石硌脚的痛苦。某一个国家，有一个太监把国王的所有房间全铺上了牛皮，当国王踏在牛皮上时，感觉双脚非常舒服。

于是，国王下令全国各地的马路上，都必须铺上牛皮，好让国王走到哪里，都会感觉舒服。有一个大臣建议：不需要如此大费周折，只要用牛皮把国王的脚包起来，再拴上一条绳子就可以了。于是无论国王走到哪里，都感到舒服。

故事中的大臣是聪明的，他的变通，使舒服与节约两全齐美。假如，我们在工作学习之余，能学会变通，随时调整自己的方向和步骤，便会有事半功倍的效果。

实际上，促成人类社会进步的一切科技发明，起因都是解决问题过程中的“另辟蹊径”，而不是一条道走到黑。比如为了解决“怎么才能更快地收割小麦”的问题，如果我们仅限于传统的方法——把镰刀磨得更快，而不是想着去创造另外一种方法，那永远也发明不了联合收割机。

上一次解决问题的办法，这一次不一定最适用。我们可能还有其他的办法，也许还有比传统的办法好上百倍千倍的办法。

在人生的道路上，我们常常会因为理想的光彩、曾经的美好而昏了头，以不屈不挠、百折不回的精神去坚持，去争取！结果却因为某些本来就错误的东西而输掉了自己！

所以说，人在处理问题上一定要学会适度与变通，别把自己的固执、错误的坚持误以为是正确的执著。

2. 车到山前未必有路

“车到山前必有路，船到桥头自然直”，这是人们经常津津乐道的经验之谈，意在告慰一些身处逆境、绝境的人们天无绝人之路，不要放弃，一切事情都会向好的方面转变。

而在现实生活中，多数信奉车到山前必有路的人常常抱有侥幸心理。他们痴迷于“山重水复疑无路，柳暗花明又一村”的遐想中；他们忘情于峰回路转、咸鱼翻身的盲目乐观中。于是，有些人明明知道自己走上了一条不容乐观的无涯之路，却还不懂回头，等着绝处逢生。比如，穷途末路的歹徒会视法网而不顾，一意孤行以身试法；输红了眼的赌徒会铤而走险，孤注一掷……因为他们相信车到山前必有路。而结果呢，迎接他们的可能是倾家荡产的悲剧、银铛入狱的恶果。

其实，车到山前即使有路也未必是正路，亦可能是诱惑和陷阱，因为生活中真正的诱惑和陷阱常常伪装成路。一味的相信车到山前必有路，必然会逐渐消磨我们的意志，麻木我们的心智，使我们萎靡不振，让我们陷于命运的多米诺骨牌中而一推即倒。

孙明是个实在人，做事也总是漫不经心。还是在他上高二的时候，父母亲戚都催他好好学习，马上就要参加高考了，要上不了大学，以后的路就难走了。他却总是不急不躁地回一句：“不着急，车到山前必有路。”

高考落榜以后，父母给他找了一份事业单位的工作。原本这是一份比较稳定的工作，可是国家政策改变，很多单位开始承包给了个人，如今，再不像以前那样，干不干活都可以混饭吃。下岗的人们逐渐增多。

于是，父母又给他找了一个学习的机会。而他却一再推脱，还说："虽然其他单位都私有化了，但是我们这里一切还没定呢。车到山前必有路，到时候再说也不迟。"听了这话，父母就气不打一出来，严声呵斥："那你就等着车到山前必有路吧，到时候碰到山上撞死你。"

正如父母所说，不久，他们单位就承包给了个人。而孙明没有高学历，也没有一技之长，只能被列入下岗的名单中。

一味地相信车到山前必有路，很可能使自己陷入"船到江心补漏迟"的困境。诚然，凡事都保持一种积极向上的心态当然无可厚非，但我们不能总是遇到困难而临时抱佛脚，将自己置于死地而生。相信车到山前未必有路是教我们学会审时度势，而不是夜郎自大；是教我们做运筹帷幄的张良，而不是做大意失荆州的关羽。别把车到山前必有路当作生命中的一种必然，这样，我们的生命就会多了一分睿智，多了一分从容。

车到山前未必有路是给我们的当头棒喝，他让我们知道我们是生活在现实中的人，而不是影视中那些逢山开路、遇水搭桥的英雄好汉。凡事"预则立，不预则废"。长久以来，我们总是遵照自己的习惯行事，就是总以我们的感觉、观点和经验来认知世界，而不能从事物的现状来观察其真本质，所以导致了我们的自负和盲目。

老子就告诫我们说"不自见故明"，即不目空一切才能明见事理。而我们呢，总是希望在自己最无助的时候出现奇迹，那我们也太天真了。

车到山前未必有路，还意在告诫我们做人不要心存侥幸，尤其是在自己的学习、工作中，不能临阵磨枪，要踏踏实实，更要未雨绸缪。

人生是一次探险。在生活的道路上，我们都会面临很多选择。车到山前必有路的思想可以作为一种激励的手段，但绝不能成为人生的信条；否则，一次疏漏，很可能让你后悔终生。

车到山前未必有路，所以我们应该早早探路，找最好的路走。不然，到了一座无路可走的山前，我们既浪费了时间又耗费了精力。

3. 执著于无望的事情，只能一无所获

有些人执著于自己原本就无法实现的目标，还一副“语不惊人誓不休”的态度。殊不知，这样坚持下去，往往是目的没达成，还错过了另外的机会。烦恼皆因太执著，要好好生活，必须学会正确取舍！人生的很多时候又何尝不是如此的呢？该妥协时不妥协，继续下去可能遭遇更可怕的后果；该放下时不放下，身心的负担都只会越来越沉重。

一个人最理智的行为，莫过于看清时势，该放手就放手，该妥协就妥协！其实，放手和妥协并非是一件坏事。当我们掉进泥潭时，学会妥协能使我们及时地爬上岸来，并远远地离开那泥潭；当我们错过一班公交车的时候，学会妥协使我们不再错过另外一班……

有一位青年，他从小的理想是当作家。为此，他始终如一地努力着，十年如一日地坚持每天写一篇文章。并且，每写一篇，他都反复修改，精心地加工润色，然后，充满希望地寄往各地的报纸杂志。遗憾的是，尽管他很用功，可是从来没有一篇文章得以发表，甚至连一封退稿信都没收到过，一切都如石沉大海。

30 岁那年，他总算收到了一封退稿信。那是一位他多年来一直坚持投稿的刊物的好心编辑寄来的，信里写道：“看得出你是一个很努力的青年，但我不得不遗憾地告诉你，你的知识面过于狭窄，生活经历也显得过于苍白简单。但我从你多年的来稿中发现，你的钢笔字写得很

好，而且越来越出色……”

就是这封退稿信，使他猛醒，从困境、困惑中走了出来，毅然决然放弃写作，练起了钢笔字，果然长进很快。现在他已是有名的硬笔书法家，作品曾经多次在省内外报刊发表。就这样，他放弃了坚持了十年的理想，转了一个弯，才柳暗花明，走向了成功。

后来，有记者采访这位青年的时候，他说：“一个人要想成功，理想、勇气、毅力固然重要，但更重要的是，在人生之路上要懂得舍弃，更要懂得转弯，不能头撞南墙不回头！”这是正确的经验之谈。

人们常说，没有金刚钻，就别揽瓷器活；什么虫钻什么木。发挥自己的长处，避免自己的短处，找准自己的定位和坐标，这是一个人走向成功的首要条件。

而对于那些根本就做不了，或是达不到的事情，永远都不可能实现的目标，无论是事业还是感情，应该尽早地放弃，不要死缠烂打，以至于一条道走到黑，而使我们深陷在失败和痛苦中！

有个男孩喜欢上了一个女孩。他们在同一个公司的同一个部门工作，男孩天天默默地看着女孩，匿名给她写信、打电话、发短信……却不敢向女孩表白自己的感情。

他把自己当成了一个隐形人。直到有一天，男孩从别处得知女孩早已有爱人。这真是让人心碎的消息。男孩痛苦不堪，看到自己的爱情正土崩瓦解，他是如此地不甘心，他开始疯了一般打电话给女孩，发给她一些不知所云但言辞激烈的信息。

尽管女孩不知道做这一切的人是谁，但是对这样不断的骚扰感到极度困扰，电话里不再对男孩以礼相待。她开始用冷漠来回敬他。

就这样过去了好几年。男孩发现自己几年来，始终在关注着女孩，女孩穿什么颜色的衣服、梳什么发型，他都知道。所有的一切好像都没有改变过，唯一不同的是，现在的他是令女孩讨厌、唯恐避之不及的人。自己执著的爱情并没有给任何人带来好处，反而凭添了诸多烦恼。

生活中，我们对于事业、前途、爱情、生活目标等人生大事，执著地去追求，当然无可非议。但是当你对某些事情过于执著时，往往就会演变成了固执。

很多事情并不像人们所期待的那样，当你为了自己的想法而一味地去追求的时候，往往最后受伤害的人就是自己。所以，这时候，你要记住，生活不要太执著，有些明知道无法做到的事情就尽早放弃；否则，太过执迷不悟往往是伤了自己，也伤了别人。

我们知道生命有限，应该好好把握。成功需要执著，但也不能太执著，过于执著，就是“固执”。因为过于执著，你会丧失许多机会，自然也会失去很多。“没有放弃，就没有得到”，放下那个“无法到达的目标”，你会发现生活很美，世界很大，值得你付出的还有很多很多。

今天，如果你正在坚守一份不切实际的“执著”，那么就请放下吧，明智的放弃胜过盲目的执著，及早地调整自己，成功正在前方向你微笑！

4. 冲出你的思维定势，不同思路带来大差异

所谓思维定势是指人们从事某项活动的一种预先准备的心理状态，它能够影响后继活动的趋势、程度和方式。在我们的生活中，很多人一旦形成了习惯的思维定势，就会习惯地顺着定势的思维思考问题，不愿

也不会转个方向、换个角度想问题。

数学家华罗庚讲过这样一个故事：如果我们去摸一个袋子，第一次我们从中摸出一个红玻璃球，第二次、第三次、第四次、第五次我们还摸出了红玻璃球，于是我们会想，这个袋子里装的是红玻璃球。

可是当我们继续摸到第六次时，摸出了一个白玻璃球，那么我们会认为这个袋子里装的是玻璃球罢了。可是如果我们继续摸，我们又摸出了一个小木球，我们又会想，这里面装的是一些球吧。可是如果我们再继续摸下去……

我们在一个有限的范围内接触了一定的、类似的概念后往往会形成一种思维的定势，并且在一定的范围内似乎它也是没错的。

因此，我们常常被善于表演魔术的魔术师轻而易举的欺骗了。其实，不是魔术师有什么特别高明之处，而是我们大伙儿的思维过于因袭习惯之势，想不开，想不通，所以上当了。比如人从扎紧的袋里奇迹般地出来了，我们总习惯于想他怎么能从布袋扎紧的上端出来，而不会去想想布袋下面可以做文章，下面可以装拉链。

很多人走不出思维定势，所以他们走不出宿命般的可悲结局；而一旦走出了思维定势，也许可以看到许多别样的人生风景，甚至可以创造新的奇迹。

在日本东部有一个风光旖旎的小岛——鹿儿岛，因气候温和、鸟语花香，每年吸引大批来自各地的观光客。有一位名叫阿德森的人在日本经商已有多年，第一次登上鹿儿岛之后，便喜欢上了这里，决定放弃过去的生意，在此建一个豪华气派的鹿儿岛度假村。

一年后，度假村落成。但由于度假村地处一片没有树木的山坡，一些投宿的观光客总觉得有些许扫兴，建议阿德森尽快在山坡上种一些树，改善度假村的环境。阿德森觉得这个建议好是好，但工钱昂贵，又雇不到工人，因此迟迟无法实现。

不过，阿德森毕竟是个聪明人，天生就是做生意的料。他脑子一转，立即想出了一个妙招——借力。他迅速在自家度假村门口及鹿儿岛各主要路口的巨型广告牌上打出一则这样的广告：各位亲爱的游客，您想在鹿儿岛留下永久的纪念吗？如果想，那么请来鹿儿岛度假村的山坡上栽上一棵“旅行纪念树”或“新婚纪念树”吧！

绿色是诱人而令人开心的。那些常年生活在大都市的城里人，在废气和噪音中生活久了，十分渴望到大自然中去呼吸一下清鲜空气，休息休息，如果还能亲手栽上一棵树，留下“到此一游”的永恒纪念，那别提多有意思。于是，各地游客都纷纷慕名而来。

一时间，鹿儿岛度假村变得游客盈门，热闹非凡。当然，阿德森并没有忘记替栽树的游客准备一些花草、树苗、铲子和浇灌的工具，以及一些为栽树者留名的木牌，并规定：游客栽一棵树，鹿儿岛度假村收取300日元的树苗费，并给每棵树配一块木牌，由游客亲自在上面刻上自己的名字，以示纪念。这是很有吸引力的，到此一游的人谁不想留个纪念？

因此，一年下来，鹿儿岛度假村除食宿费收入外还收取了“绿色栽树费”共1000多万日元，扣除树苗成本费400多万日元，还赚了近600万日元。几年以后，随着幼树成材，原先的秃山坡变成了绿山坡。

在现实生活中，一个人的思维方式往往决定了他成功与否。如果总是以一种固定的模式思维，往往只能步别人的后尘。只有变换思路，才能事事为先。比如，当你从舞剑中悟到了书法之道，在这些方面你可能就会比别人更高一筹；当莱特兄弟受飞鸟启发，造出了飞机，便成了人们都为之兴叹的传奇；牛顿在从苹果落地悟出了万有引力的时候，他的名字便再也不会让人们忘记……换个角度，换个思路，也许我们面前是一番新的天地。

有位拳师，熟读拳法，与人谈论拳术滔滔不绝。拳师打人，也确实战无不胜，可他就是打不过自己的老婆。拳师的老婆是一位不知拳法为何物的家庭妇女，但每每打起来，总能将拳师打得抱头鼠窜。有人问拳师："您的功夫都到哪儿去了？"拳师恨恨地道："这个死婆娘，每次与我打架，总不按路数进招，害得我的拳法都没有用场！"拳师精通掌术，战无不胜，可碰到不按套路进功的老婆时却一筹莫展。

"熟读拳法"是好事，但拳法是死的，如果盲目运用书本知识，一切从书本出发，以书本为纲，脱离实际，这种由书本知识形成的思维定势反而使拳师遭到失败。

"知识就是力量"，但如果是死读书，只限于从教科书的观点和立场出发去观察问题，不仅不能给人以力量，反而会抹杀我们的创新能力。所以，在我们工作，或者学习知识的同时，应保持思维的灵活性，注重学习基本原理，但也要和实际相结合，而不是死记一些规则，这样学到的东西才会配上大用场。

在人生的旅途中，我们总是经年累月地按照一种既定的模式运行，就容易产生消极乏味的感觉；面对问题换个位置、换个角度、换个思路，认识对象，研究问题，从多角度、多方位、多层次、多学科、多手段去考虑，而不是止限于一个方面，一个答案，也许我们面前是一番新的天地。只有不断突破思维定势，超越自我，人生才会更精彩。

5. 随机应变，行不通时就换招

当我们在大海上驾驶着轮船向着目的地航行时，忽遇暴风雨，你是冒着可能翻船的危险顶着风浪上呢，还是暂时改变航向，以避开危险？面临这样的选择，也许百分之百的航海者会采取后一种方式，毕竟无谓的牺牲是毫无意义的。

其实，在我们的工作和学习中，也常常遇到这样的事情，当我们面对一个比较棘手的问题，难以坚持的时候，不妨在原有的行事基础上稍作改变，或许就能够拨开云层，看到另外的景象。

在 19 世纪中叶，一则美国加州发现金矿的消息引起了风靡一时的“淘金热”，无数的淘金者从天南地北处蜂拥而至。一时间“淘金”成了最热门的话题。

在众多的淘金者中，有一位 17 岁的小农民，历尽千辛万苦，也来到了淘金大潮中，他的名字叫亚默尔。此时的加州，遍地都是淘金者，所以导致金子自然越来越难淘。来这里的淘金者大多都是在生活上艰难的人，而且，当地的气候也异常干燥，所以造成了水源奇缺。很多不幸的淘金者不但没有淘到金子，圆上自己的致富梦，甚至搭上了自己的性命。

亚默尔也和大多数人一样，并没有挖掘到黄金，反而却被饥渴所折磨。有一天，当亚默尔望着水袋中一点点舍不得喝的水，耳边听着其他淘金者对缺水的抱怨时，他突发奇想，既然自己没有挖到金子，为什么还要再继续努力下去呢，毕竟淘金的希望太渺茫了，为什么自己不去卖水呢。

想通了这一点，亚默尔立刻行动了起来，他毅然放弃了寻找金矿的努力，而是将自己手中挖金矿的工具变成了挖水渠的工具，将远方河水引入水池后，再过滤，成为清凉可口的饮用水，然后挑到山谷里，一壶一壶地卖给找金矿的人。

有很多人在嘲笑亚默尔，说他胸无大志，费劲千辛万苦来到加州，不努力地挖金子，却干起来这种蝇头小利的小买卖；这种生意哪儿都能干，何必跑到这种地方来干呢。但亚默尔并不为所动，继续卖他的水。因为就算是那些嘲笑自己的人，到最后也得来买自己的水。最主要的是，哪里有这样的好买卖，能够把几乎无成本的水卖出去呢？更何况这里的市场相比于其他地方对水更为稀缺。

当风靡一时的淘金热冷淡下来后，大多数的淘金者都空手而归了，而亚默尔通过自己独特的视角在短时间内通过卖水而赚到了6000美元。要知道，6000美元在当时可不是一笔小数目，这完全是一笔非常可观的财富。

有句话说，此路不通，另辟蹊径。瞧，他不但是行路的好方法，在我们的日常生活中也非常实用。所谓另辟蹊径，就是要换思路想问题。其中具体的方法有很多，比如，转换问题的类型，转移问题的视角，转换问题的焦点，或者借助解决其它问题的办法来解决目前的问题，等等。

所以说，当我们航行在人生的大海中时，碰到破波涛、漩涡，甚至是台风、巨浪时，如果我们拒绝掉转船头，认为迎着风浪而前行才是勇敢者的行为，勇气、刚毅、坚强才是人性高贵的唯一证明，那么我们很可能会付出船毁人亡的巨大代价。而这个时候，掉转船头，绕开漩涡，另辟蹊径，并不一定就意味着懦弱，而恰恰是一条更容易接近目标的捷径。

有一次，陈默在体育馆与哥哥进行乒乓球比赛。双方互不相让，一来一回，打得不相上下。当比分为 10：10 时，两个人都又累又紧张，再加上诺大的乒乓球室只有陈默和哥哥两个人，空气也好像凝固了。

这时，陈默灵机一动，有了一个想法。因为哥哥个子较高，下防比较困难，如果他从下方攻击，改变方向，哥哥也就很难接球。就这样，陈默改变战术，来了一个过网球。哥哥真如他所料，没能接住球，因此失败了。

现实生活中，不管处理任何事情，都要灵活应变。此招不行，赶快换招，否则，即使你用尽了力气，恐怕也难达到目的。

6. 有志气地吃“回头草”

人们常说“好马不吃回头草”，也就是说一群马在草地上争着吃草，只有竞争能力弱、抢不过别的马才去吃回头草。“好马不吃回头草”表露出的是一种一往无前的勇气和志气，不过，从另一个角度来看，这个说法颇有点儿“一条巷子走到黑”的意味，是一种盲目无知的勇气！为了面子上光彩不肯回头，往往会错过真正的“好草”，甚至饿死。

在我们的现实生活中，因为不肯放下面子吃回头草，而最后让自己失去机会的大有人在。比如，有些人被老板炒了鱿鱼，一个星期后，老板发现是误会了他，于是又打电话让他回去，这个时候，很多人会一口拒绝，从而错过了在公司继续发展的机会；还有些人，和恋人发生了矛盾，对方提出分手，等到对方意识到自己错了，再要求重归于好的时候，他却依然拒绝，认为“好马不吃回头草”……

然而，如果这草原本吃起来就不爽口，那也就罢了；若的确鲜嫩肥美，那“回头”又有什么不好的呢？

刘哲义虽然大学读的不是师范，但毕业后却进了一家子弟学校教英语，并且，在前辈的指点下，再加上自己的努力，取得了很好的业绩。他连续几年被评上优秀教师，在当地也小有名气。然而，为了谋求更多的自我发展，两年后，刘哲义辞职，离开了学校

在外面风风雨雨闯荡了3年，他终觉得没有教书得心应手，曾也考虑过吃回头草，回到学校安安稳稳地教书，那是一个只要辛勤工作就会有收获的地方，但又觉得面子上过不去。

而家人和朋友却一致鼓励他，说他的才能在学校一定能发挥得非常好，尤其是以前还干得那么优秀，轻车熟路，就更没有干不好的理由。

再加上这么多年来刘哲义和很多学生一直保持着联系，有些学生在遇到什么两难的事情还是习惯找刘哲义来参谋，对他的这种信任让他无法不感动。有些学生家长经常打电话问候他，使他非常欣慰。虽然3年没有上讲台了，但3年的各种经验是一笔财富，用在教书育人上会有更独到之处。

于是，他终于下决心再次走进学校，经过了严格的面谈和试讲最终被聘用。在教学的过程中，他和新老教师处得很好。他带的初一班级在参加新生军训时，在最后的汇报表演中获得了第一名，给学校领导和老师留下了很好的印象。在教学和管理上，他也赢得了各科老师的好评。

并不是勇往直前才有更多、更大的机会，很多时候，“回头”往往也包含着新的机会、新的开始和新的面貌。可惜的是很多人在面临该不

该回头的时候，都把“意气”当成“志气”。

衡量一匹马的标准并不是看它是否吃“回头草”，而是看它到底有多强壮，相同条件下可以行走多长的距离。同样的道理，判断一个人成功与否的标志不是他是否做“回头生意”、“重操旧业”或者回到以前的工作单位和部门，而是看他是不是敢做别人不敢做的，能否寻找机会并把握住机会，最终获得成功。

所以说，回头草只要是鲜嫩肥美，当然是要吃的。举个最简单的例子，如果你去做生意，想要赢得顾客的心理就得付出很多。不能说有人拒绝了你，你就不去做这个人的生意，这个定单就属于别人的了，你只能看着别人去做大做强。回头是意味着成熟，一个成熟的人还有做不好的事情吗？

有人做过一项调查发现，40%离职的人认为，即便原公司希望他回去，也肯定不会回去了，主要原因就是觉得回去了丢人、脸上挂不住。

首先，如果使你犹豫不决的唯一原因是面子问题在作怪，那么大可不必。你应该问一下自己，究竟是面子重要还是前途重要，是面子重要还是一辈子的婚姻幸福重要。就算当初的选择是个失误，也谈不上是什么原则性的大错。俗话说，浪子回头金不换，那些勇于“回头”的“浪子”往往会比从前更加努力地工作，并且更珍惜这个失而复得的机会。

“好马不吃回头草”，听似响亮、痛快，似乎很有志气，其实是不足取的，因为这样会让人缺乏回旋的空间，自己把路堵死了，从而导致很多人的失意和悲剧。所以，只要是有志气地吃回头草，尽管放任别人轻蔑的眼光和流言蜚语吧。等你有所成就的时候，别人就会忘记你吃的是“回头草”，甚至还会把你奉为榜样。

7. 要有改变规则的胆识

“不以规矩，不成方圆”，这是古代的一句名言，是告诉我们规矩的重要性；可是如果过于刻板，认为规矩只能遵守而不能改变，则是大错特错了。然而，很多人不仅是缺少那种改变规则的勇气和胆量，更缺少那种改变的意识，最后作出让人啼笑皆非的事来。

郑国有一个人，眼看着自己脚上的鞋子从鞋帮到鞋底都已破旧，于是准备到集市上去买一双新的。在去集市之前，他先用一根小绳量好了自己脚的长短尺寸，随手将小绳放在座位上，起身就出门了。

来到集市，刚要买鞋子，他才发现，他量好尺寸的那根绳子忘记带了，于是他放下鞋子赶紧回家去取。他急急忙忙地返回家中，拿了量过尺寸的绳子再赶到集市，集市上的小贩都收了摊，他之前去的那家鞋铺也打烊了。他鞋没买成，低头瞧瞧自己脚上，原先那个鞋窟窿更大了。他十分沮丧。

有几个人围过来，知道情况后问他：“买鞋时为什么不用你的脚去穿一下，试试鞋的大小呢?”他回答说：“那可不成，量的尺码才可靠，我的脚是不可靠的。”

这个郑国人只相信规则，而不相信自己的脚，不仅闹出了大笑话，而且连鞋子也买不到。在现实生活中，买鞋子只相信脚码而不相信脚的事也许不会发生，但类似这样的人倒是有的。有的人说话、办事、想问题，只以规则出发，不从实际出发；规矩是怎么定的他就怎么去做。在这种人看来，规则是不可改变的，而且只有规则才是真理。这样的人，未免思想太过僵化，而为人处世自然也会常常碰壁。

然而，现在这个社会，可以说是瞬息万变的，如果墨守成规，恐怕迟早要被淘汰。而只有那些懂得变通、敢于打破规则的人，才会有意想不到的收获。

上个世纪 80 年代初，苹果电脑公司抛弃传统的“电脑一定是体积庞大的，难于操作的”观点，率先推出最早的个人电脑苹果 I 、苹果 II 和麦金托什电脑；约一个世纪前，福特汽车公司生产出世界上第一辆不需要花费大量钱财就能买得起的汽车；几乎同时期，柯达生产出第一台易于使用的相机，给肖像画行业带来巨大的威胁；随后，宝丽来研制出一种相机，无需冲洗就能出照片；而飞利浦发明了用电子录像带来捕捉图像的方法，无需胶卷和相纸；联邦快递找到了美国任意两点之间的最短距离——每次均取道田纳西州的孟菲斯，隔夜就可以送达包裹……

萧伯纳曾说过：“理性的人让自己适应社会，非理性的人总是坚持让社会适应自己，所以所有的进步都得靠这些非理性的人。”

或许，是因为我们接受的教育太过传统，或者是，安于现状的心态让我们失去了开发创新的心理，于是在做某些事的时候，大多数人会按既定规则行事，循规蹈矩……但有些人却不。要知道，只有新办法可以绕开规则行事，得以跳脱传统的条条框框，另辟蹊径达成目标。

比如，当多数人挤在通往高速路的主干道上，都在一眼望不到头的队列中等待时，有一些富有冒险精神的人走了边道，更快地抵达了目的地。诚然，某些规则的存在是为了保证安全，维持秩序，形成为大多数人服务的流程，但是质疑规则还是值得尝试的，毕竟当常规的道路堵上的时候，绕行的边道能带你实现目标。

很多年前，在美国一座城市郊区有一块荒地，这块荒地的地产老板一直感叹这块地盘卖不出好的价钱。一天，他突然灵机一动，想出一个点子。他跑到当地政府，说："我想把这块土地无偿送给政府建一所大学。"但他同时提出的条件是，学校附近的商业、文化娱乐等设施应由他来建设和经营，当地政府自然表示同意。

不久，一所颇具规模的大学城便矗立在这块荒凉的土地上。有大学就有学生，有学生就有消费。地产老板随之在学校附近兴建了饭店、商场、娱乐设施等，并且全部由其来经营。结果生意自然十分红火，很快地皮的损失就从商业收入中赚了回来，而且盈利颇丰。

古往今来，凡是有所成就、能够叱咤风云的人，都敢于打破旧规则，创立自己的新规则。因为，没有一个规则是能通古今的，也没有一种教化是长盛不衰的，即使有也一定会被今后时代所替代，绝对没有永远存在的道理。由此说来，改变规则也是一种规则，改变旧规则，尝试新规则。

无论如何，规则是掌握在我们自己手里的。虽然规则是约定俗成的，但并不是没有别的方法和方式。如果不知道改变，只一味地遵守规则，是注定要落在别人后面的。不过，规则也是有存在的意义的，超出了允许的范围，是肯定要受到惩罚的。学会变通，而不是主观的臆断，才是真正的成功之路。

8. 墙头草，早晚要栽大跟斗

原本，"墙头草"是一种随着风向来回倾倒的植物，后来人们用它来比喻那些没有主见立场、意志不够坚定、见风使舵、见异思迁、左右摇摆的人。生活中，这样的人不在少数。虽然这样的人在复杂的社会关系中能够讨好一部分人，但是，也常常因为这种性格栽了大跟头。

孙灿是一位颇有文采的年轻人，刚到编辑部的时候，刘主任非常看重他，并有意培养他，无论是出差，或者会见重要客户，都要带着他。孙灿也比较识趣，每到过年过节，总不忘拿着礼物去看望刘主任。他们的交情一直不错。

可是，在一次与客户的交涉中，刘主任在合同上出了一点疏漏，给公司带来了不小的损失。于是，公司领导决定不再让他担当重任，念及他为公司多年操劳的份上，没有撤销他的职位，只是把一些重要的事情交给了另外一个比他年轻的易主管。因为他的失宠，以前一些巴结他的人也逐渐远离了他，改去追捧那位易主管。

看到这种情形，为了让自己的事业更顺利地发展，孙灿也去接近那位易主管，并且，从前每逢过年过节给刘主任送礼的习惯改成了给易主管送。这让刘主任感到非常心寒。

一年后，因为易主管年轻、浮躁，做事总是没有刘主任稳当，公司通过会议决定，把公司的一切重要事情还是交由刘主任来处理。但是，这时的孙灿已经和刘主任疏远了很多，如今再没脸去主动讨好刘主任，只好自己辞职不干了。

做墙头草，有时候会损人害己。当你随着风向倒向一边的时候，被你背弃的那个人心里一定受到极度的创伤，一方面对你的做法的失望，另外也对这种世态炎凉感到灰心。而你自己也好不到哪里去，试想，别人会喜欢你这样的墙头草吗？即便是有人喜欢，在心里也对你保留了一份戒备。这样的人终究是得不到别人的信任的。

比如，我们经常遇到这样的销售人员，销售窗帘的向我们积极推广他们的新品："这是新出的竹纤维窗帘，跟传统的窗帘相比更大方，更高贵……”“我不喜欢那些乱七八糟的新品，只喜欢全棉的。”

“你说的没错，我也觉得还是以前那些传统的款式和质料好，这些新出来的产品吧，名字听上去好听，其实不中用……”“太传统也不行，还是要有新的工艺和图案。”“是的是的，窗帘嘛，要想让自己赏心悦目，还是要比较新鲜的，老对着旧款式人们都有审美疲劳了……”

作为顾客，你还会相信这位销售人员的任何话吗？这种人就是所谓的见人说人话、见鬼说鬼话的典范，基本上是“1+1，您说等于几就等于几”的类型。这样的人，即使侥幸在某个陌生环境骗人一时，却无法得到别人长久的信任。

当然，我们不难理解那些为了推销产品而不惜说一些违心话的销售人员的处境。如果他说出内心真实的想法，比如“这么贵的浴巾都买，不宰你宰谁”，那生意还怎么做啊！可是，作为销售人员，也不能一说话，就让人失去对你的信任，这样还谈什么业务成交啊。

不说真话，其实也不必说瞎话。更聪明的做法或许是说些解释说明类的话，比如什么叫“竹纤维”，某些工艺或者质地的优点和缺点之类。这样不但没有了做墙头草的嫌疑，反而让客户更了解你的产品。

当然，除此之外，这种墙头草的作风在职场更是屡见不鲜。比如老板刚摆出一个方案，说得挺兴奋，叫大家发言。有人说：“这个方案挺好的，创意特别新……”老板插话说：“创意新未必有效果啊，没创意未必效果差啊。”这个人会马上改口：“是这样的，听着挺好的，执行起来难度很大，而且效果未必好……”

这种做法虽然也有让人永远听不到异议的优点，但是，没有自己的立场和主见，总归还是难以取信于别人。

有不同意见，又怕说出来别人不高兴，我们可以选择笑着静默，或者找些有关联的事情来打破沉默。这样要比做一个墙头草，随着风向摇摆不定好得多。

第 8 章

Chapter8

别羞于笼络人心，也别机关算尽不劳而获

很多老实人羞于社交，也不善于交际，这在很大程度上阻碍了他们自我发展的道路。要想赢得好人缘，一定要走出自己封闭的内心，大胆而主动地去与人沟通。当然，与人相交，万不可过于急功近利、精于算计，否则也必定会把人际关系搞砸。

1.8 招击败你的社交恐惧症

“我从小受环境的影响，一遇到什么困难就惊慌失措，平时都不敢与别人正视，怎样才能做得到遇事镇定，从容不迫?”这是一位网友的心声。在我们的生活中，这种害怕与人交际的人不在少数。就连那些神采奕奕的明星也有手心出汗、言不达意的时候，但明星们的高明之处，就在于他们克服了一瞬间的羞怯和动摇，再次进入了如鱼得水的境界。

作为一个普通人，这种恐惧经常是来自“输不起”的心态，取决于人性深处自恋的程度。人不是因为年长而应付自如，而是因为学得了一系列变“客场”为“主场”的技巧，学得了管理情绪的能力，才有了顾盼生辉的魔力。往深处说，在一个陌生的场景里，人人都有恐惧，只是一部分人预防恐惧走光的技巧比较高超而已。

那么要想在交际场合击败你的恐惧心理，做到以下几点，你也会逐渐成为交际达人。

1. 在社交场合，不必过度关注自己给别人留下的印象，要知道自己不过是个小人物，不会引起人们的过分关注。正确的做法是学会把注意力放在自己要做的事情上才对。

2. 当心理过于紧张或焦虑时，不妨问自己：“再坏又能坏到哪里去? 最终我又能失去些什么? 最糟糕的结果又会是怎样? 大不了是再回到原起点，有什么了不起!”想通了这些，一切就会变得容易起来了。

3. 为了战胜恐惧，心里不妨这样想：“钟摆要摆向这一边，必须先往另一边使劲。我脸红大不了红得像块红布；我心跳有什么了不起，我还想跳得比摇滚乐鼓点还快呢!”结果呢，人们会发现实际情况远没有原先想象得那么严重，于是注意力就被转移到正题上了。

4. 放下“我一定得给别人留下深刻印象”的包袱，过份强调目的、紧张会使表现走形。比如，当你心理开始惴惴不安，甚至因为那种想给人留一个好印象而心跳加速，那么你就对自己说：“要冷静下来。一切都没什么，过分紧张只会让情况变得更糟糕。”所有社交场合保持镇定、放松的技巧，都是心理暗示、训练、预演和悉心准备的结果，不妨准备一些“自来熟”的话题，与面善的陌生人搭讪。

5. 从外形上改变自己，找一个很有实力的发型师，为你设计一款适合你的发型，要让人一看就觉得你比较精神、气度不凡；要学会穿衣打扮，从衬衣、领结到西装、皮鞋，都要搭配得协调，给人一种儒雅的感觉。

6. 如果面对自己爱恋的女孩子，可用循序渐进的方法克服心理障碍。(1) 先下决心看她的衣服；(2) 看她的脸蛋儿和眼睛；(3) 向她笑一笑；(4) 当有朋友在身边时主动与她说话；(5) 有勇气单独与她接触。这种避免直接碰撞敏感中心的方法使一个原本看来很困难的社交行为变得容易起来，这种方法对轻度社交恐惧症一般有立竿见影的效果。

7. 太过慌张时，尝试使用腹式呼吸。跟从你的瑜伽教练学习腹式呼吸，并用按压穴位的方式来释放压力，将给你的社交生活带来更为从容的姿态。面对那些对你而言似乎各方面都处于优势的人，你要想到人无完人，他也有许多不足和缺点，有些地方他一定不如你！

8. 空闲时候多看书、多学习，多和一些有层次的人交往和交流，一方面从书本上汲取知识，另一方面也从身边优秀的人士身上借鉴一些别人为人处世的经验。另外，也可以在平时和一些陌生人打招呼。你可以和做买卖的人闲谈，关心一下他们的生意好不好，是否辛苦。这样一来他们就会很有兴致同你谈下去了；在路上见到熟人也一定要说“你好”之类的话，这些细节都能培养你大胆量。平时主动一点跟别人讲话，就可以在一定程度上克服你的胆怯。

最后，你的社交恐惧症并不是一天形成的，因此在克服上面也不能操之过急。你要认真体会以上方法，在生活中不断地去使用。最初的效果可能不是很明显，没关系，不要灰心丧气，只要你按这个方法去做，相信克服社交恐惧症只是时间问题。

2. 别太清高，否则就会成为孤家寡人

不论是生活中，或者在职场中，总有这样的一批人，他们总觉得别人干的事儿都挺俗的，别人说的话都是废话，别人的品味都是不上档次的……因此，总是不屑与人多说一句话，把自己摆在高高在上的位置上，傲气十足，自命不凡。

这种类型的人往往不合群，独来独往，很难融入集体，以至于严重影响了人际交往活动的开展。

张军在某个编辑部做编辑，刚来的时候，他也总和同事们一起去吃午饭。可是，一段时间后，他就开始一个人吃方便面了。编辑部的主任王老师看到后，就关心地问他怎么不和同事们一块去吃饭。让王老师感到吃惊的是，他很随意地扔出了这么一句话："看见他们就恶心。"

原来，中午吃饭的时候，几个编辑很喜欢谈网络游戏。在张军看来，这帮人简直就是些没有远大抱负的"混世魔王"！"道不同，不相与谋。"所以张军就决定不跟他们一起吃午饭，上班下班，见面也不跟他们搭腔。

作为同事，志同道合，那自然好。但是在绝大多数情况下，我们的

同事都有着自己各自不同的背景、经历、价值观和人生观。你不喜欢跟别人讨论游戏，那就自己抓紧时间多吃点好菜嘛！不接受他人，只能是孤立了自己。

话说回来，大家是在工作上共事，关键在于工作方面是否能够协作，业余时间谈什么，不喜欢的就当作没听见。到了“看见他们就恶心”这份上，除了搞得自己不合群之外，还有什么好处呢?

所以，无论是职场新老员工，都不能太过自恃清高，如果因此疏离了同事，哪天用到别人，只能吃闭门羹。所以，要想搞好自己的人际关系，我们首先要学会放低姿态，主动去迎合别人。

赤木是一位刚毕业的大学生，应聘到一家外企做行政工作。论学历，她是本科毕业；论专业，是对口的秘书专业；论形象气质也是没话说的优秀……就是因为她的这一切优越的条件，也使她更加得意忘形，自恃清高。有同事私下里说她的眼睛是长在头顶上的。

说这些话当然是有原因的。从刚进公司开始，赤木几乎天天都是一个人吃午饭，一个人下班回家，从不主动搭讪办公室的其他员工。每次看到同进公司的几个新人与同事们谈笑风生，她的脸上便露出一种不屑的表情。

并且，她一直觉得，只要工作表现突出，领导总能意识到自己是个人才，而至于同事关系，除了一起说些废话，能有什么用！也就是因为她的这种自恃清高的心理，越来越跟周围的同事格格不入起来。

然而，最近发生的一件事，终于让她改变了这种态度，并且开始主动与其他同事接近。

那天，公司即将开一次重要的会议，需要赤木复印一系列文件，她急急忙忙冲到复印机前，捣弄了半天一张文件都没有复印出来，原来她不会使用复印机！眼看会议就要开始了，实在没有办法，她只好求教公司的其他同事。然而令她感到郁闷的是，她问了一圈的同事都没人搭理她，不是推说忙就是说自己也不会。

最后，她只好再次找到平时最看不起，而人缘却很好的同事小王。看到她眼泪都快要流出来了，小王就告诉她复印的方法并帮助她复印完成。

此后，她终于意识到了团结同事的重要性。同事们在一起谈笑风生的时候，她总不忘上前去插几句话；中午吃饭的时候，她再也不会独自坐在一边，而是主动端着饭盒跑到同事中间凑热闹；而且，有时候大家抱怨公司食堂的饭菜都吃腻了，她便主动提出要请大家到外面的小店去吃……

没想到，她的这种举动，逐渐转变了同事们对她的态度。同事们开始在工作上关照她，一位中年同事告诉赤木，之前同事们都觉得她太清高，但一起吃过几顿饭后，距离感很快就消除了。

在职场中很多人也确实如此，自恃清高，看这个不顺眼那个也不顺眼，不与人和睦相处，孤独行事，当自己遇到了麻烦才想起平常身边的人们，而此时能够站出来帮助他的又有几个呢?

职场中每个人都值得学习，都有可学习的地方。“笑容多一点，嘴巴甜一点，腰要弯一点”，做好了这“三点”，职场中的你将会赢得更多的朋友。而那些自恃清高、自命不凡的人总会遇到自己很难预料的尴尬局面，届时碰了钉子想想又怨谁呢?

3. 别再宅在家里，多参加一些社交活动

你是否总喜欢一个人窝在家里上网、游戏、工作、听音乐，不逛街，不出门，不参加朋友聚会；你是否总是害怕和人接触，一说话就脸红，看到别人侃侃而谈，自己却不知道说什么，于是由此产生自卑感，

把自己闷在屋里，不愿意见人……

如果你符合上面的其中一个环节，那么，很可能你就是传说中的“宅男宅女”了。也许，这种“宅”生活没什么不好，但是我们不能因为一味地“宅”在家里就与社会脱节。因此，我们还是建议大家，一定要多参加一些社交活动。

看着眼前体形健美、一脸笑意、能说会道的吴艳红，很难想象她3年前病恹恹的“宅女”模样。吴艳红因为长期在电脑前工作，不仅有700度的高度近视，而且患有严重的颈椎疾病；加上生活日夜颠倒、不按时吃饭，所以肠胃疾病也时常困扰着她。

吴艳红说：“我本来就性格内向，不太善于和别人交流，所以选择了平面设计，可以在家里工作。结果到后来，身体因为受工作影响，颈椎每天都疼得厉害，怎么治也效果不好，所以心情郁闷，很少出门，连购物都在网上解决了，一不小心，彻底变成‘宅女’了。”说起过去，吴艳红觉得那像是另外一个人。

看着女儿整天闷在家里，不出门，也不和人交流，身体素质越来越差不说，人也显得非常抑郁，妈妈很是心疼。于是，妈妈想了一个办法，每到星期六、星期天就让吴艳红陪自己去购物，拜访一些以前的老同学、老同事。并且，她还在健身馆办了一张健身卡，说一个人去没意思，就让吴艳红陪她。吴艳红起初很不情愿，可是受不了妈妈的唠叨，勉为其难地跟着妈妈一起去参加一些活动、健身什么的。

尤其是和母亲一起到健身馆，看着那些人跑步、骑自行车、跳操，一个比一个起劲，吴艳红多少受到了感染。在陪妈妈去了几次之后，她也加入了健身的行列。刚开始，吴艳红连别人运动量的三分之一都达不到，骑一会就没有了力气。可在大家的鼓励下，吴艳红一直坚持着。而且在激昂的音乐、自己的汗水中，吴艳红体会到了运动带给自己的乐趣和变化。

她说：“去健身房之后，最明显的变化就是话多了，愿意和别人交流，而且身体也比以前好多了。”在健身房锻炼了3个月后，她又和一些一起参加健身的朋友们报名参加了瑜伽班，一有空就和朋友们一起去参加一些派对什么的。比起从前宅在家里，她整个人都变得活跃而且开朗起来。

喜欢长时间宅在家里，由于缺乏与他人的交流与沟通，这一人群容易形成社交恐惧症，甚至造成焦虑抑郁症，产生情感障碍。

朱天晓眼看已经毕业两年半了，除了刚毕业那会工作过半年，之后就一直宅在家里。尤其是和老公一起去了深圳以后，因为人生地不熟，她就更不愿意出去见人。本来打算要去找工作的，可是，每次去参加面试，看到那么多人能说会道，反应敏捷，她就又退缩了。

原本，朱天晓从小就内向，不喜欢和陌生人打交道，来到深圳后，看到那些形形色色、各显神通的才子才女们，看到身边的人们一个个都活得很潇洒，都有很好的工作，只有她如此不堪，就更加自卑。

老公劝她多和身边的人接触一下。她也想，只是每次和老公出去吃饭，只要有老公的同事或朋友一起她就会感到不自在，说一句话就会脸红，这不仅让老公不好看，就是自己也讨厌这样的自己。

前不久，就因为自己的自闭，她又和老公吵架了，把自己关在屋子里，更是足不出户。她心里一直在担心，如果她再这样下去，老公会不会也离开她？

如果“宅”是因为自己的性格原因，那么我们尽量去探究一下是什么导致了我们的自闭，是自卑，是胆怯，是清高，还是其他。如果知道了原因，我们就可以对症下药，尽量克服了。

如果“宅”是自己的工作和生活所表现的形式，这其实不算不健康，只不过，这样的独居生活过得久了，需要警惕，不要由于这种生活方式而患上“社交恐惧症”，变得封闭，害怕与外界社会接触。

为了避免这样的事情发生，我们最好在宅的基础上多参加一些社会活动。比如，参加一些简单的朋友聚会，出去买买东西，而不要总是从网上订购；无论如何，要与社会保持互动；还可以多做运动，有空出外旅游，再培养一些自己的兴趣爱好。

另外，还没被列入宅生活的那些家庭主妇、退休老人、在家里工作的人们，这些人整天在家里，最多也就是上市场买菜，叫朋友打几圈麻将而已，个人的社会职能并没有实现，而且缺乏与外界有规律的交往，长期下来，很容易产生“社交恐惧”类心理障碍。所以，建议这些人多与朋友往来，参加一些娱乐学习班，还可以参加一些公益性质的社交活动，充实自己。

4. 就是要和陌生人说话

电视剧《不和陌生人说话》自上映以来，深受大家的欢迎。但这毕竟只是一部影视作品，只能供我们欣赏。在现实生活中，如果也不和陌生人说话，我们就会少了结交朋友的机会。而没有了朋友，我们又哪能在社会上混得如鱼得水？

然而，和陌生人说话，说起来比较容易，可很多人不知道如何和陌生人说话，才更能拉近彼此间的距离。于是，一些有社交经验的人们就开始给我们出主意：一个人，要想博得别人喜欢，并且与一些陌生人营造一见如故的感觉，就不能太矜持、内敛；你只有主动、热情地同他们聊天，努力探寻与他们交谈的共同点，赢得对方的好感，这样才能拉近彼此之间的距离。

只要你心思慎密，注意观察，每个人都会或多或少有一些共同点。比如，你可以通过他的装束判断他是个比较喜欢时尚的人；通过他看的书知道他喜欢什么风格的作品；通过他的举止谈吐知道他的爱好兴趣，等等。

当然，为了打破初次见面的沉默，主动开口说话是首先要做的。

毕嘉兴在春节的时候和人一起拼车回家，所有的人都是一些从网上联系到的陌生人。毕嘉兴刚好坐在司机的副驾驶座上，后面的人有吃东西的、睡觉的、听歌的，就是没人说话。这一路上，要和这些人呆七八个小时，如果一直这么死气沉沉的还不把人闷死。于是，毕嘉兴主动打破沉默，开始和人交谈。

她看到车上放着一些户外用品便问司机："你喜欢户外活动?"

"以前组过一个登山队，不过现在都散了。"

"那太可惜了，我以前和朋友徒步走过香格里拉、梅里雪山，现在每到放假也经常会一个人出去旅行。"

"是吗，你也喜欢户外活动？但是能像你这样去徒步的女孩子可不多。"

"我去年和朋友去了亚丁、稻城。不过是开车去的，我想过两年再去的时候打算徒步去。"

然后，大家你一言我一语地便聊了起来。车上坐着的几个人大都对户外运动有兴趣，这一交谈起来，都有种相见恨晚的感觉。七八个小时的路程很快就过去了，下车的时候大家都相互留了电话，并且相互叮嘱一定要联系。

当然，寻找共同点的方法还很多，譬如共同面临的生活环境、共同的工作任务、共同的行路方向、共同的生活习惯等，只要仔细深入挖掘，陌生人无话可讲的局面是不难打破的。

上面的毕嘉兴就是通过观察，由一些户外用品引发了一连串的话题，并且也因此交到几个志同道合的朋友。察言观色发现的共同的东西，要同对方的兴趣爱好结合起来。如果自己对此也有兴趣，那么打破沉寂的可能性就大得多了。否则，即使你发现了共同点，没有把握好对方的情绪，也还是无话可讲，很难深入下去，讲一两句就“卡壳”了。

那么，当你通过观察发现对方的兴趣爱好之类的东西后，你就可能与其交谈，但是在交谈的过程中，你还要不断地深入了解对方。比如，在谈话过程中，尽可能了解有关对方的情况，包括文化背景、生活习惯、历史传统、性情秉性、爱恶嗜好等，这是很重要的，否则就很难取得预期的效果。

随着交谈内容的深入，和你对对方的了解的深入，你们的共同点会越来越多。这样，谈话越来越顺利，越来越让对方感到亲切和有趣。故此，你也和对方建立了非常和谐的谈话氛围，不知道的人还以为你们已经认识很久了。

当然，如果你们是通过一个朋友认识的就更容易切入话题了。例如，介绍你们认识的人是你的同学或朋友，那么通过这个朋友的这层关系，就更拉近了你们之间的关系，这无疑让你们在陌生的基础上多了一份亲切感。另外，你可以恰当地表达一些你对对方的品格赞扬，对对方的成就感到羡慕，等等。这样会让人心生好感，因此也会对陌生的你减少了几分抵触。

总之，初次见面的第一句话是叩开对方心扉的敲门砖，其后，你要能实时地把握对方的性格特征、爱好、生活经历等，你们所拥有的共同话题就越来越多，交流的范围也可能扩大。因此，把对方的谈话兴趣挖掘出来，是你和陌生人初次交流的最好的方法。

然而，在生活中，有些人总是不大愿意主动去搭理一个不相干的陌生人。其实，很多时候，朋友都是从陌生到熟悉一步一步走过来的。而一个能和陌生人都能侃侃而谈、相见如故的人，那他的人缘肯定不会差。

著名记者阿迪斯曾经说过："世界上没有陌生人，只有还未认识的朋友。"仔细想来，我们的朋友中又有哪一个原来不是陌生人呢？说不定你和陌生人的偶遇，还会发展成为一场终生不渝的友谊呢！

5. 收到名片后，主动联络对方

时下，两个陌生人初次认识，首先要交换名片。有些人收到名片，随手放在包里，然后就再也不曾动过，只等着对方主动联络自己。可是，如果对方也是这样的态度，那你们彼此就从此又成了陌路。

事实上，要想与别人保持更进一步的互动，必须主动出击。比如，收到名片后，不妨给对方发个信息，打个电话，逢年过节问候一声，祝福一下。只有这样，那张名片才能发挥它应有的作用。并且，只有你主动联络对方，才能使你们之间的关系从陌生到熟悉，甚至有可能结交成好朋友。

但在生活中，我们却往往都忽略掉了"主动"二字，总是一副"姜太公钓鱼——愿者上钩"的态度。其实，成功者和失败者最大的区别就在于前者永远积极主动，后者永远消极怠慢。

王海琼是一名寿险推销员，她来自蓝领家庭，平时也没什么朋友。

田华是一位很优秀的保险顾问，而且拥有许多非常赚钱的商业渠道，生长在富裕家庭中，她的同学和朋友都是学有专长的社会精英。王海琼与田华的世界根本就是天壤之别，所以在保险业绩上也是天壤之别。

王海琼没有人际网络，也不知道该如何建立网络，如何与来自不同背景的人打交道，而且少有人缘。一个偶然的机会，王海琼认识了田华，彼此也交换了名片。王海琼早听说过田华的业务能力和个人背景，所以，不想放弃和田华进一步熟悉的机会，收到名片以后，回去主动给田华打了电话。

两人一聊，还挺投缘，从此，有事没事就彼此联系一下，直到最后，两人建立了良好的私人关系。并且，王海琼还通过田华认识了越来越多的人，事业上的新局面自然也就打开了。

很多时候，对于人际交往，我们通常都不大主动。其实，只有我们主动学会如何打理自己的人脉圈，才能够为自己争得属于自己的东西。千万不要学做“守株待兔”的那个农民，那样只会让你耗损更多的时间，而且让别人觉得你不思进取。

如果你永远都跨不出前进的步伐，就只能仰望成功者的辉煌。主动上前一步，也许真的会有意想不到的结果。如果我们跟随雄鹰一起展翅飞翔，人的想法和行为就会像雄鹰一样。那么如果我们主动和成功者联系，他们也会把他们的思想和观念、目标都统统灌输给我们，我们从中可以受到很大的好处。

收到名片后，主动与对方联系，其实是一种智者的表现。大凡成功的人总是会怀有一颗主动积极之心的。因为他们知道自己如果想要攀登到顶峰，就必须多交朋友，多学习别人。所以，他们总是会主动与那些经验老道的人交往，从他们身上学到更多的东西，积累更多的经验。

有一个理论是这样的：你和任何一个陌生人之间所间隔的人不会超

过六个，也就是说，最多通过六个人你就能认识任何一个陌生人，就能同世界任意一角建立起联系。“经过若干环节，任何一个人都能同总统通上电话，这绝对不是痴人说梦。”这就是朋友能够带给我们的惊喜，这就是人脉蕴藏的巨大力量。

所以，我们建立人脉网络，不必拘泥于必须是自己认识的，而可以通过朋友认识更多朋友。但是，认识朋友的朋友，一个重要前提就是你要积极主动。当一个朋友介绍别人给你认识后，你依然是一副不在乎的样子，或者只等着对方来联系你，那么这个朋友你很可能就会错过。

我们要知道，尤其是通过老朋友去认识新朋友，这样积累人脉资源的成本是最低的，而效率却是最高的。有了朋友的引见，更能让陌生人了解和信任你，只要你保持一种积极的态度，对方就更能接受同你的交往。

若是你现在还没有形成固定的朋友圈子，在未来交朋友的过程中，只要你有意识地去结交那些成功优秀的人，或者朋友给你推荐的人，那么你的人生将会拥有更多的幸福和好运。

建立关系最基本的原则就是：不要疏于联络，不要等到有麻烦时才想到别人。关系就像一把刀，常常磨才不会生锈。因此，主动联系就显得十分重要，否则人们就会慢慢疏远你。

6. 计较和算计，只会令你跟每个人的关系都变得脆弱

在我们的生活和工作环境里，建立良好的人际关系，得到大家的尊重，无疑对自己的生存和发展有着极大的帮助。而且有一个愉快的工作

氛围，可以使我们忘记工作的单调和疲倦，也使我们对生活能有一个美好的心态。

然而，有些人希望自己有个好人缘，但是在与人相处的时候却总是喜欢斤斤计较，算计来算计去，生怕自己吃一点亏。这样的人，只会让身边的人越来越疏远你，使你们之间的关系变得越来越脆弱。

俗话说："赠人玫瑰，手有余香。"有时候，不求回报、不计较得失地为别人做点事情，对自己也不无裨益。比如，当你帮助了别人，在自己遇到困难的时候，对方就不会袖手旁观。事实上，你越不计较，得到的惊喜就越多。

雁蓉平常既不喜欢跟舍友一起去 KTV，也不跟她们一起疯疯癫癫地去逛街。除了上课时间，雁蓉会定时地出现在学校的各个角落：图书馆、自习室、饭堂、宿舍楼的传达室，等等。她不是勤工俭学，她只是在义务地帮忙。

在图书馆，她总是默默地将那些被弄乱的书籍放回原位；她总是在做完实验后刷干净同学们使用的仪器才离开；她会主动帮传达室大爷分信件跑腿儿……别人总是问她为的什么，雁蓉笑笑说："举手之劳，方便别人，我也没吃亏啊。"

每次帮完别人，雁蓉总是满足地微笑着。帮助别人虽是小事，但是让自己很欣慰。这样的雁蓉同学和老师们留下了深刻的印象，赢得了他们的心。

因为帮助了别人就等着别人在最短的时间内给予回报，否则就抱怨不止；因为在别人难过的时候，你安慰了别人，而你难过的时候对方没有及时出现，于是就耿耿于怀……这种只知道计较和算计的人，除了在别人心里不能留下个好印象，就是自己也不会过的快乐。

有些人总抱怨自己交不到真心的朋友，与同事的关系处不好。当你开始从自身找原因的时候，你就会发现，这是你因为过于计较自己的利益，老是争求种种的“好处”，时间长了难免惹起别人的反感，无法得到大家的尊重。而且，这些人因为太过功利，喜欢算计，往往在有意或无意之中伤害了别人，最后使自己变得孤立。而在事实上呢，这些东西未必能带给你多少好处，反而弄得自己身心疲惫，并失去了良好的人际关系，可谓是得不偿失。

如果对那些细小的、不大影响自己前程的好处多一些谦让，比如单位里分东西不够时少分些；一些荣誉称号多让给即将退休的老同事；与其他人共同分享一笔奖金或是一项殊荣，等等。

再比如，新到的同事对手头的工作还不熟悉，当然很想得到大家的指点，但是心有怯意，不好意思向人请教。这时，我们最好主动去关心帮助他们，在他们最需要得到帮助之时，伸出援助之手。

这种豁达的处世态度无疑会赢得人们的好感，也会增添你的人格魅力，会带来更多的“回报”。俗语所说的“吃小亏占大便宜”从一定程度上说明了这个道理。

相反，那些喜欢算计的人可能会为自己一时的得利而兴高采烈、得意忘形，但是千万不要忘记，人还是需要感情来安慰的。因为你的计较和算计，周围的人、自己过去的亲戚朋友一个个远离你时，当你变得永远是孤孤单单一个人时，难道不会感到灵魂的空虚、悲哀吗？再从利益方面讲，缺少人缘，得不到别人的帮助，你还能继续得意下去吗？

风雨人生路，积累人脉可以给你带来无限的好处，但是，广积人脉的前提就是不能太算计，太计较，要用自己的真心换对方的真心。

7. 别一味扮演手心向上的“索取者”

在我们的生活中，有些人一见到哪里有利益可寻，便不择手段，费尽心机，结果往往是自己折腾了一大圈，却一无所获。原因是什么呢？这样的人往往只想着如何索取，却从没想过要付出。试想，别人从你那里得不到一点好处，怎么会竭尽全力帮你去达成目的呢？而一个人想孤军奋战做成某些事，实在是太难了。

所以说，做人做事要懂得先付出，积累人脉资源，学会感情投资，然后才会得到意想不到的回报。无论在小事还是大事上接受了别人的帮助或欠了别人的人情，我们都会在心理有这样的反馈：“前些天欠了某某的人情，下次一定要还才行。”“在我最困难的时候是某某出手相助，如今我发达了，怎么能不拉他一把呢！”诸如这些，都是因为付出埋下的善果。

一个小男孩为了攒够学费正挨家挨户地推销商品。忙碌了一整天的他此时感到十分饥饿，但摸遍全身，却只有一角钱。他决定向下一户人家讨口饭吃。

开门的是一位美丽的小女孩。因为第一次乞讨，这个小男孩有点不知所措，他没有要饭，只乞求给他一口水喝。这位女孩看到他很饥饿的样子，就拿了一大杯牛奶给他。男孩慢慢地喝完牛奶，问道：“我应该付多少钱？”女孩回答道：“一分钱也不用付。妈妈教导我们，施以爱心，不图回报。”男孩说：“那么，就请接受我由衷的感谢吧！”说完男孩离开了这户人家。

此时，他不仅感到自己浑身是劲儿，而且他的心中也充满了阳光。其实，男孩本来是打算退学的，但他放弃了这个念头。

数年之后，那位美丽的女孩得了一种罕见的重病，当地的医生对此束手无策。最后，她被转到大城市医治，由专家会诊治疗。当年的那个小男孩如今已是大名鼎鼎的霍华德·凯利医生了，他是会诊专家中的一位。

当看到病历上所写的病人的来历时，一个奇怪的念头霎时闪过他的脑际，他马上起身直奔病房。凯利医生一眼就认出床上躺着的病人就是那位曾帮助过他的恩人。他回到自己的办公室，决心一定要竭尽所能来治好恩人的病。

从那天起，他就特别地关照这个病人。经过艰辛努力，手术成功了。并且，凯利医生在医药费通知单的旁边签了字。当医药费通知单送到这位特殊的病人手中时，她不敢看，因为她确信，治病的费用将会花去她的全部积蓄。最后，她还是鼓起勇气，翻开了医药费通知单。旁边的那行小字引起了她的注意，她不禁轻声读了出来："医药费——一满杯牛奶，霍华德·凯利医生。"

在我们的生活周围，能够做到不求回报而付出的人是不多的，但是，若你想到这种不求回报的付出，会为自己种下一棵人脉的种子，总有一天，它会开花结果，以这样的心理再去付出，也就不难了。

另外，有一点要铭记，在你为某事付出，或者帮助他人时，最起码在表面上要做到不求回报。因为自己帮助了他人，而让对方回报自己的话语或其他行为会刺伤一个的自尊。不说任何此类话时，反而能让对方更加感激你。

当然，主动付出不但能在生活中笼络人心，就是在达成你与客户的共识方面也大有裨益。

箭牌口香糖对大多数人来说都是很熟悉的，提起它的百年历史却是很少有人知晓。然而当我们搜寻它的历史、揭开其隐蔽的面纱时，我们会惊奇地发现，百年之前，出生卑微，普通如今天街头小贩一样的小威廉·莱格利以口袋里仅有的 32 美元开始创业，却在其有生之年就把箭牌做成了全球口香糖行业中的第一。百年之后，遵循着小威廉·莱格利的经营法则，箭牌口香糖全球行业第一的品牌依然屹立。

小威廉·莱格利成功创业的秘密就是善于把握商机，懂得给予顾客好处。1891 年春天，29 岁的小威廉·莱格利怀着独立创业的梦想，带着妻儿和口袋里仅有的 32 美元来到当时的新兴繁华城市芝加哥，注册了以自己姓氏为名的莱格利公司。公司的业务，是代理销售父亲生产的肥皂。

为鼓励零售店主多进货，小威廉·莱格利想到了用赠品促销的办法。他先用肥皂以货换货，去换回一些便宜的市场新产品；然后凡是来买肥皂的零售店主，他都免费赠送一定比例的那些新产品。这种在当时很新潮的做法吸引了零售店主卖他的肥皂的热情：花一种商品的钱，能进两种货，值！此时顾客由于得到小的商品也都喜欢买他的产品，因此他的销量大增。

但是没过多久，小威廉·莱格利发现，他提供的其中一种赠品——烤面包发酵粉，在零售店里反而卖得比肥皂好。于是小威廉·莱格利灵机一动，转而经销烤面包发酵粉，而把肥皂作为赠品。

1892 年初夏的一天，他突然想到用当时 5 美分 1 支的口香糖作赠品，凡买一罐烤面包发酵粉的零售店主，他就赠送 2 支口香糖。结果口香糖又卖得比烤面包发酵粉好！于是小威廉·莱格利再次“转型”，开始销售口香糖，而把烤面包发酵粉、肥皂等作为赠品。

所以说，做人不能一味地看到利益就索求，只有你肯付出，才能获得别人的信任从而，也因这种信任让你收获更多。

有一位哲人曾经说过：“给别人一些空间，就是给自己一个世界；给别人一些帮助，就是给自己生机和希望。但是如果你先前不帮助别人，别人也不会主动帮助你。”可见，只有当你在生活中真正了解到付出才能得到，你的人际关系才能打得更开、更大。

8. 人脉是长期投资，急功近利只会让关系变糟

生活中，你是否注意到这样一种现象：当你遇到困难，只有那些在平日里非常交好，或者是你曾经帮过的人才肯出手相助，只有这些人才算得上你关系网中的“人脉”。人脉的经营是一种长期的投资的过程，而绝非当下可以快速累积的资源。

尤其很多生意人一开始做生意，大多数念的都是赤裸裸的生意经，即每一笔生意都是以金钱利益为标准的。但是，这样往往只是赢得一时利益，而非长久的利益。

一位做医疗器材生意的成功人士说：“虽然是做生意，但是我从来没有把客户当成冷冰冰的金钱交易伙伴，而是把每一位客户都当成了朋友。”

当然，做生意的每个人都希望赚钱，并且赚的钱越多越好。可是，做生意应该和播种一样，只有播下优良的种子，并且按照种子所需进行浇水施肥，到秋天才会收获很多。如果你把客户当成了种子，先从和他们做朋友开始，时间长了，关系越来越好，我们可以想见，作为朋友，哪有有生意不给你做的道理？

冬青是一家模具公司的老板，有一次，他从国外进了一批钢模，回来后就要去找省里的经销商。但是由于资金不足，他不可能一下子进很多货，而没有充足的货源，经销商根本就不会理睬你。

于是，他想了个办法，亲自去找这些经销商，但并不卖东西给他们，而是跟他们做感情的交流，不同的人他会用不同的交际方法。喜欢唠嗑的，他就带去很多新鲜的话题；喜欢新销售信息的，他会带去新的产品信息；喜欢娱乐的，他会抽时间和他们一起娱乐……

当然，他并不只是跟负责的人做交流而已，他们的家人、员工都成了冬青的好朋友。他经常跟他们通关怀、问候的电话，也会定时寄一些小礼物给他们。

就这样，当感情渐渐深起来后，他再和这些经销商谈及销售的问题时，他们不会觉得冬青是要卖东西。就这样，他先预定客户再订货，资金不足的问题迎刃而解。之后，冬青的生意蒸蒸日上，很多客户都说和他打交道放心。一些人还专门给他介绍客户。

当然，冬青的生意经也不止针对客户，他说："我是一个善交朋友的人，五行八作都有我的朋友，因此，我的生意信息几乎可以说是又快又准。最值得一提的是，在做生意的过程中，金钱是一个重要的因素，为了逐步扩大发展，我曾几次遇到了资金不足的情况，却都轻松过关，这倒不是我的能力强，而是我有几个知心的得力朋友。他们慷慨解囊，使我不至于陷入窘境。"

美国著名实业家亨利·福特说："相聚，是开始；团结，是进步；合作，则是成功。"事业是一种合力的成功。这已经不再是单枪匹马创造英雄的时代了，每个人都需要圈子，每个人都需要别人的帮助，越是分工精密的行业，越需要与别人合作。

总之，要想让自己的事业蒸蒸日上，我们必须要拓展和维护自己的人脉圈，借别人的优势，成就自己的事业。有了人脉，钱脉自然就有了。

当然，要做人脉，切忌急功近利，我们要从长期的与人交际中认真地播种耕耘，人脉稳固了，做什么事情就变得简单了。别人给你提供一个信息、一份财力，都有助于你的事业发展。

另外，做人一定不要太过势利，看到别人发达了，使尽浑身解数也要与之扯上一点关系；看到别人落魄了，就立马消失得无影无踪了。其实，一个人一生不会永远落魄，也不会一直辉煌，总是起起伏伏。积累人脉就要把目光放长远，如果你懂得在冷庙烧香，在别人落魄的时候，也能去投资一份长期的友谊，那么等对方发达了，怎么会忘记在危难之时依然热情有加的你？

周兴是一名年轻的律师，在美国办有自己的一家律师事务所，专门受理移民的各种事务和案件。创业之初，他吃尽了苦头，穷得连一台复印机都买不起。但是在他的努力下，他的律师事务所在当地开始有了名气，财富也接踵而来。他的办公室扩大了，并有了自己的雇员和秘书，而且还越做越大。

可是，天有不测风云，正当他事业如日中天的时候，一念之间他将所有的资产都投资于股票，并且几乎全部亏尽。更不巧的是，由于美国移民法的修改，职业移民额削减，他的律师事务所也门庭冷落。他破产了。

这个时候，他却接到了以前一个朋友的电话，原来这个朋友说自己可以赞助他，并且帮他恢复原来的公司。他觉得有些不可思议，因为这个朋友恰好就是以前在国内的时候自己曾经资助过的一个朋友。

那个时候朋友也是刚刚成立公司，只不过公司刚起步，资金周转不过来，便向他借钱。他也没顾虑太多，就稍微地伸了把援手。他们的关系也就从此热络了起来，并且，有事没事他们总在一起谈天说地。当然，这次他的公司破产，朋友为了报答当初他的援助，自然愿意为他出力了。

生活中，总有些人平时待人不冷不热，有事了才想起去求别人，又是送礼，又是送钱，显得分外热情。但这种急功近利的做法，只会让人反感，甚至于把彼此之间的关系搞得更加糟糕。所以我们要在关键时刻得到贵人相助，自应在平时多结善缘，多交朋友。

做人做事最忌目光短浅，急功近利。平时你觉得没用的朋友，说不定哪天就发达了，所以我们在日常生活中，不要嫌贫爱富，冷落了自己的朋友。人生路上，朋友之间，你帮我一把，我拉你一下，甚至互相搀扶着，才能更好地赶路！切不可在别人需要的时候，你远远离开；而当你需要别人时，哪还能得到对方的帮助？

9. 不可“有事有人，无事无人”

俗话说：“打江山不易，守江山更难。”很多人觉得，人脉保鲜很难做，我们没有那么多的精力时间去维系情感，我们也害怕对方的一时冷漠触痛了我们的心，于是干脆就“有事有人，没事没人”。然而，若真是这样，别说保鲜人脉，就是做到相识都难了。

离元旦只有两天了，严颜该忙的事都已经忙完了，只剩老板让他订一张回家的机票。可是，因为是年底，机票紧缺，他已经打了好几个电话，一点音信都没有。这时，他想到了曾经在旅行社工作的一个朋友，只要找他帮忙一定没问题。可是，他们已经有一年没有联系，现在直接打电话找他订票，严颜似乎有点开不了口。

坐在办公桌前，拿出一本厚厚的名片夹。打开，抹去上面的灰尘，严颜一页一页地往下翻。

某外企公司的采购经理苏先生，上半年因为业务往来熟络起来，当时还互相加了QQ好友，有一阵子每天都在网上聊得不亦乐乎。如今，苏先生的名字已经埋没在一堆QQ好友中，严颜甚至已经忘记了他的网名。

某事业单位的部门主管李小姐，好几年前就认识了，因为和严颜年纪相仿，两人一度非常亲密，偶尔还相约逛街、吃饭、喝咖啡，如今，回忆起上次见面的日子，严颜简直有点记忆缺失了。

……

严颜翻翻手机，发现无论是最近的通话记录，还是最新的短信往来，都是新近业务往来的职场对象。那些曾经熟识的职场老朋友，似乎随着业务的淡出，被遗忘在了某个角落。严颜不知道，再过多久，眼下这群频繁联络的人，又会再次被挪移到被冷落的位置。

创造人脉资源绝对不容易，想当年，刚跑到对方单位找李小姐联络业务时，李小姐只是淡淡地看了严颜一眼，淡淡地给她倒了一杯水，淡淡地客套了一番。严颜现在还记得，自己是付出了多大的真诚和心血，才打动了对方的心。

不过，保鲜人脉更需耗费长期精力。工作越来越忙，压力越来越大，忙的时候没时间彼此联系，等空下来又突然提不起精神联络。毕竟，职场人脉不同于生活中的朋友，说什么话，聊什么天，还是需要费一番心，总是显得有些累，有些烦琐，有些不耐烦。久而久之，越疏于联系，越发不起心拨通那个曾经熟悉的号码，因为害怕电波一连通，报上自己的姓名，对方已不知道自己是谁，这样的细节，直接摧毁想要保鲜的心态。

时间越久，我们越不愿再主动联系，为自己寻找种种借口，担心对方忘了自己，担心对方显得冷漠……其实，每个人心里都有这样的担心，于是没有人敢走出第一步，其实只要你主动开口，出自真心地问候了对方，想来是没有人会拒绝你的。他只会在心里暗自高兴，这么长时间了，你还记得有他这个人！

吴继莲在一家电器公司做销售，他每次拜访客户后，晚上回去都会给他们发个信息，感谢他们的热情接待。通常，只要是有机会知道对方的生日，他总会记在一个小本子上，经常拿出来翻翻，一旦有人过生日，不是打电话送去祝福，就是给对方邮寄一个小礼物过去，因此很多客户都非常喜欢他。

一次，一位大客户与他的公司有一次合作。签合同的时候，对方拿出了身份证，吴继莲当时就把身份证上显现生日的几个号码偷偷记了下来，到了对方生日那天，小吴特意订了一束鲜花送去，客户非常惊喜。当然，接下来，对方公司的几个单子都给了他的公司做。

当别人问起吴继莲如何做到让人人都喜欢的，他说："因为我是用真心对待别人，人心都是肉长的，我用真心对待别人，当然也会换来别人的真心。"

觉得保鲜工作难做，那是因为很多人是为了"人脉"而"人脉"。比如，联络并非出于真心的问候，只是想着对方身上附加的利用价值，于是，不经意间露出的一个敷衍眼神、一句破绽百出的话，都可能让对方感觉你并不诚恳。试想，谁愿意和一个总是在敷衍自己的人交往？所以，还是拿出你的真心来，即使是为了利益，出示真心也是必须的。

当然，更不要用没有时间或者没有精力来搪塞，很多时候，我们只是内心深处不想去维系关系而已，如果真的用心，身边都是机会。

比如有事没事打个电话或者发个短信问候一声，时间不必太长，四五分钟，足以让对方感受到你的热情和记挂，并且你们的感情也会越来越近。朋友、客户、同事，没有人会拒绝你这样的关心。

另外，网络是一种非常便利的沟通工具，如果是同学、朋友、同事在 QQ 上聊天是再正常不过的了。如果是工作中必须建立的关系人，通过网络拉近距离，也是非常自然的。即使没有机会天天聊天，但是你可以稍微留意一下他的签名变化。随着他的签名的不同，你可以送去不同的祝福。比如他写着“生病了，不舒服”，你可以适时地送上关心和问候，让对方心里暖洋洋的；如果他写着“自己做了一个南瓜汤，味道还不错”，你可以主动提出，什么时候有机会去尝尝他的手艺……总之，在不同的情况下，我们用不同的方式，都可以拉近彼此的距离。

除此之外，现代娱乐方式层出不穷，K 歌、泡吧、桌游……总之，要想找出一个大家相聚的理由并不难。如果是不常见面的旧同事、已经离职的原上司、已经很久没有业务往来的客户，又或是多年不见的老朋友，我们都可以在某个大小节日邀大家出来聚一聚。

只要你把人脉做到保鲜，无论你是在大公司做小销售总监，还是一个小公司默默无闻的职员，依靠这些关系，不怕没有人给你推荐客户，提供信息，使你的事业得到更好的发展。

第 9 章

Chapter9

别埋着头哑巴吃黄连，也别打着“算盘”占便宜

过于斤斤计较、打着算盘占便宜的人，往往会遭遇别人的排挤和疏离。但是，老实人容易吃亏，也是不争的事实。所以，生活中，我们既不能太老实，吃闷亏，吃哑巴亏；也不能太狡诈，耍聪明，玩手段，让自己陷入尴尬的境地。

1. 秋后算账，不吃哑巴亏

吃眼前亏，几乎是每个人都经历过的事情，有时候，对方比我们的势力大，所处环境也比我们更优越，这个时候，如果对方有意为难，我们只好先认了。但是，“眼前亏”可以吃，却不要让自己吃了“哑巴亏”。

去年冬天，周占仁在商场买了一瓶廉价的染发剂，不曾想头发没染黑，反倒染成了灰色。他去找那个买染发剂的店家理论，但是对方推说，他们卖了那么多染发剂，从来没出过这样的事情，或许是他染发的方法不对，并不是染发剂的问题。

当为此争执不下的时候，周占仁又去找商场的客服部门。客服要求他提供当时的发票，没有发票，对方没法给予受理。但是，他当时根本没想过要发票，这事让周占仁越来越窝火。他想讨个说法，却不知到哪里投诉。家人劝解：“几元钱的东西就忍了吧，和商场发火还把自己气出病来，实在不合算。”

这话听着虽然也有理，但是周占仁心里憋着一口气，想到这种廉价染发剂以后还会坑害更多的消费者，让商家牟利，自己更是不甘心。于是，他决定通过 12315 向商家讨要说法。经过有关部门检验，确定他购买的染发剂上的包装标示、商品名称、生产厂家和公司名称有明显的印刷错误，属不合格产品。周占仁如愿以偿地得到了退款。

作为一名普通消费者，这种事例经常会在我们身上发生。如果我们总是抱着一种息事宁人的心理，甘愿吃些哑巴亏，只能滋长不良商家的侥幸心理，让更多的消费者受害。而有些人的确也不想吃这个哑巴亏，但是直接和商家对着干，只能是自己生了一肚子气，最终也不一定弄出个结果来。这个时候，我们不妨借着消费者维权平台，为自己讨个公道。

除此之外，在我们的日常生活中，人们更多的是在不知情的前提下，莫名其妙地吃了哑巴亏，比如不见收费通知，银行账户就被扣费；到饭店就餐，结账才知餐前茶水要付钱……一项调查显示，时下98.9%的消费者都曾遭遇过类似的“不告知收费”。而涉嫌这种“不告知收费”最多的行业就是银行、通信、医疗、餐饮、家装、中介、保险等。

春节期间，窦纪约了几位要好的朋友到市区一家饭店聚餐。等几人就座后，服务员端了一壶茶水上来，依次给大家倒上。窦纪当时只感觉那个茶壶和别的饭店里的不太一样，茶叶好像也要好一些。但大家那时光顾着聊天了，也没问茶水收不收费，服务员也没告诉窦纪一行人。

没想到，当他们吃完饭结账的时候，窦纪却发现账单上除了啤酒和白酒的费用外，又多了 30 元的茶水费，这让他感到不解。对此，饭店前台经理表示，他们饭店的茶叶是上好的绿茶，不同于普通饭店的茶叶，当然要收取费用。

当时，为了面子，窦纪没有和饭店多计较，只是要了详细收费单据和发票就匆匆付了钱离开。事后想想这件事，窦纪觉得很不痛快：“茶水收费没问题，可就算要收费，至少也应该向顾客提前说明。像这样‘先斩后奏’的做法，不显然是欺诈吗?”

于是，他再次去哪家酒店消费的时候，直接找来酒店的经理投诉。经理听了他的话，首先对上次的不告知收费表示道歉。并且，他告诉窦纪，是服务员太过疏忽，没有告诉顾客那是收费的茶水，他会好好批评他们，并且承诺以后再不会让这种事情发生。

为了弥补上次的不周，经理亲自送上一壶免费的茶水，以表歉意。

法律专家指出，经营者此举，不仅是不诚信的表现，更是一种侵害消费者知情权、选择权和公平交易权的违法行为。然而，到底是什么原因造成“不告知收费”情况屡见不鲜？在一项调查中显示，68.2%的人觉得是商家利用了消费者“大事化小、小事化了”的心理。所以，当遭遇此类不事先告知的无声收费，我们切记给自己维权，不吃哑巴亏，只有这样才能逐渐杜绝这类事情的发生。

2. “明明白白”吃亏才是福

吃亏是福，吃小亏可以占大便宜。但是吃亏也是有技巧的，会吃亏的人，亏吃在明处，便宜占在暗处，让你被占了便宜还感激不尽。而那些不会吃亏的人，只知道自己闷声闷气地付出，别人看不见，也不认同，自然也不领你的情。

高念是一家装饰公司的销售代表，一次接到某客户的单子，这个客户的职业是某大型楼盘的置业顾问。高念公司的装修报价已经很合理，但客户仍然嫌高，高念便在没有对客户明说的情况下，牺牲自己的提成，以满足客户降低价格的要求。

他认为客户看到价格降下来，一定会明白是自己个人让利，会感谢自己。高念的想法是目前吃点亏拉住这个客户，搞好关系以后，请客户在其工作的大型楼盘帮自己义务拉几个装修订单，赚得更多。

然而，高念的想法不错，但是因为客户根本不知道高念是牺牲了自己的提成才给自己让利的，于是也并不领高念的情，反而觉得，这家公司的报价有猫腻，竟然能砍下这么多价来。这使得客户开始怀疑他们的工程质量，于是在暗地里开始联系另外的装修公司。而当高念打电话让其帮忙推荐客户的时候，那位客户却一再推脱。

虽然有“吃亏是福”一说，但哪些亏该吃，哪些不该吃，应该怎样吃，我们都要在心理有个底。在为人处世中，有的人知道吃亏有时候的确会给自己带来好处，但是却总不知道如何把握吃亏的技巧。另外，还有些人为了息事宁人，往往吃暗亏，吃闷亏，结果吃了也白吃，别人不知道或者也不领情，于是只好应了中国那句古话：“哑巴吃黄连，有苦说不出。”

所以说，吃亏要吃得明明白白才值得。你吃亏时，至少要让对方明白，让对方意识到，你吃亏是为了帮助他。这样看起来他得益了，其实他的内心难免愧疚；而你看起来吃亏了，其实因为宽容，你的内心十分坦然。

古人说“吃亏是福”，只要你讲究方法，它还是很有道理的。因为吃亏，你就成了施者，别人则成了受者，看上去是你吃了亏，他得了益，然而，他却欠了你一个情，这是比金钱、财富更值得你珍视的东西。另外，你的主动吃亏，会让你在别人眼里变得豁达、宽厚，让你获得更深的友谊和尊重。

但是，有一点，我们要切记，要明明白白吃亏才是福。

3. 吃亏，但也要懂得如何争取自己的利益

在我们的生活中，有些人完全不知道如何争取自己的利益，他们似乎永远把自己的某些应得利益拱手让人，并且有些人也会由此感叹命运的不济或是社会的不公。然而，塑造自己的弱者形象、铸就自己惨淡人生的不是别人，正是他们自己。

李璐是一家公司的程序员，在做第一份工作的时候，软件出现问题，他总是主动承担责任。岂料公司正好需要一个替罪羊，就把他辞退了。走的时候他请同事们吃饭，认为自己虽然吃亏，但对公司贡献很大，自己再找工作的时候公司的同事应该会推荐一下；至少公司里面的人应该对自己没有什么恶意，不会背后说坏话。

然而，让李璐感到郁闷的是，后来李璐找工作的时候，没有一个同事替他写推荐信或说话。过了很久李璐才明白，如果同事们帮他说好话，就是反证公司对他的处理有问题，公司有错。李璐反正已经吃亏了，已经被开除了，就让李璐吃亏到底吧，往他身上泼脏水，才可以显示公司的正确。

后来李璐加入另一家企业，谈好试用期结束转正后工资加 500 元，公司里管人事的答应了。但试用期过后工资没有变，当初招他进公司的人事却换掉了。由于合同上没有说明是试用期，写的是一年的工资，李璐也没有办法。跟上司反映，上级说这是公司的规定，大家都得按照公司的制度做事，他也没有权力，但他会尽力帮忙争取。结果李璐的合理要求最后变成李璐没有道理。为了避免不良影响，想想“吃亏是福”，

李璐也没有继续争取。

不少文章把“吃亏”描述成无私的奉献、牺牲精神、豁达心态、成全他人的品德、潇洒的生活态度、恬淡处世的行为等崇高的境界，所以人们不仅要甘于吃亏，还要勇于吃亏。于是，有些人就奉行这种训示，默默地奉献，默默地吃亏，遇到对自己不利之事也不去争取，并且还安慰自己“吃亏是福”。

然而，有些时候，“吃亏是福”不假，但是若你根本不知道“福”在哪里，那么你吃的亏就一点价值都没有。在现实生活中，有些亏能吃，吃了对你有好处，而有些亏对你的利益冲击颇大，并且日后也不会换来什么“福”，那吃这样的亏又何必呢?

最近，苏北用一张八尺整纸的黄胄名画和朋友换了一个折扇。据说那是朋友的传家之宝，折扇一面是山水名画，一面是董其昌的亲笔书法。董其昌的书法那可是苏北最喜欢的。

有一天，两个古玩专家的朋友来家做客，苏北就把那把折扇拿出来让他们瞧瞧。这一瞧，可不好了，其中一位朋友说：“您这个朋友不地道，坑您了。”

“怎么?”苏北心中一惊，“哪儿不对呀?”

“运笔不流畅，太拘谨，模仿的痕迹太重，没有董其昌的风骨。”那位朋友指着上面的书法说，“纸是老纸，字肯定是乾隆以后的。您看这印，用的是八宝印泥，八宝印泥是乾隆以后才有的。董其昌要能活到乾隆年间早就成了怪物了。别的甭说，就冲这一条，也不可能是董其昌的真迹。”

“混蛋！还跟我说是家传的，这不是坑人嘛。”苏北气急败坏地举起扇子就要摔。

“别介呀。”那位朋友拉住苏北的胳膊，“这扇子是清中期仿的，也许真是人家家传的，只是年份不太长。虽然不是真迹，多少还是有点儿保存价值的。其实，这上边的笔墨手艺还过得去，一般的人绝对不敢说它是假的。别生气，吃亏是福，起码您又认清了一个人的本质。”

“我也太亏得慌啦！那可是黄胄的真迹呀。不行，我得打个电话，讨个公道……”

苏北拨通了原折扇主人的电话。放下电话后，苏北边说话边发出笑声来：“我就想嘛，多年的朋友是不会骗我的。”他轻松地看着两个专家朋友说，“我那朋友电话里说了，就知道是家传的，没料到能是假的。他说不是想故意占我便宜，这就把那张黄胄给我送回来。哈哈，好了，没事儿了。”

对于一些维护自己正当权益之事，我们当然要拍案而起。这样不仅避免了那些假公济私、欺软怕硬的人的猖獗行为，而且也不至于使自己的利益受到太大的损失。

4. 以长远的眼光对待吃亏

俗话说：“好汉不吃眼前亏。”在我们许多人的眼睛里，吃亏是不智的行为，其实在生活中的很多时候，我们的判断都是错误的，一些“亏”只不过是事情的表象而已。暂时的付出或者是损失，是为了将来更多的收获和谋取更大的利益。

徐峥从学校毕业后，被分配到了一家国营单位。初到公司，因为她是个新人，总是被有意无意地孤立起来。但是徐峥并不为此感到困扰，单位有几个妈妈级的职员，经常带孩子到公司，徐峥便有事没事地逗着孩子玩，并且还常常买一些小礼物，送给那些孩子们。

有时候大家一起吃饭，妈妈们也不忌讳，都带着自己的小孩来。一班没有结婚的女子顶多出于礼貌过去逗孩子几分钟，吃饭的时候都躲得远远的，生怕孩子的油嘴、油手弄脏了自己的衣服。徐峥却不然，她看起来是真心实意地喜欢那些孩子，她坐在小孩子旁边，喂他们吃饭，给他们擦鼻涕……逐渐地她成了孩子们最喜欢的阿姨，妈妈们也同她结成了好友。

徐峥也是单位里新人中升职最快的。当初有一个名额分到公关部，大家怎么也想不到会落到外貌、英文都一般的徐峥头上。徐峥似乎没有使用什么特别的手段，只是一味真诚地待人。那时候，每次过节，单位里照例会分一大堆年货。徐峥独自在外地工作，她有充分的理由把年货都送给组长王姐。

还有一次，同事们起哄让主管请大家吃火锅。起因是主管平时比较节俭，但那次因为得了奖，拿了一笔不薄的奖金。去的时候，徐峥让大家先行，说有点事要办，但特别叮嘱大家要去包房，要等她到了才点菜。大家坐了好一会儿，徐峥才到，神神秘秘地拿了一大包超市里买来的东西溜到包间里。

等服务员一出包间门，徐峥赶紧从塑料袋里取出她从超市里买来的蛋饺、鱼圆、虾丸、蟹肉棒、午餐肉、年糕……这样，每次请服务员出去加汤的当儿，徐峥就往汤里倒一大堆东西。结果，大家只花很便宜的价钱，就在那家有名的火锅城大吃了一顿。

当晚，最高兴的当然是做东的主管。虽然大家对徐峥有点不屑，觉得二十出头的女孩子弄得像一个斤斤计较的主妇似的，有点没劲，但徐峥的出头之日就是来得比较快。最后，徐峥还是同学中最先买房、买车的人，大家不能不承认，她真善于“吃亏”。

“吃亏是福”本身是一个利益交换等式，善于吃亏的人当然不会让自己的利益白白受损，而是用“吃亏”换来“福”。至于什么是“福”，当然每个人的见解也都不同。但是，有一点我们必须谨记，做人做事，要懂得低调处世的法则，切不可为了眼前的一己私利而落入“鼠目寸光”的俗套，为人处世时一定要有长远的眼光，否则你就会在斤斤计较中错失获取更大收益的机会。

我们明白，没有人愿意选择斤斤计较的人做朋友，没有人愿意和唯利是图的人共事，没有人看得上、瞧得起在琐事上纠缠不清、得礼不让人的人。那样的人，或许能在某些事情上占得一时的便宜，而其实是捡了芝麻，丢了西瓜。反而是那些不计较吃亏、小利乐于相让、大利也不独吞的人，最终的成功往往属于他们。

中国有句老话：“塞翁失马，焉知非福。”事实证明，很多时候当下的吃亏，未必就是坏事。更多的时候，损失蝇头小利反而会换来巨额的大利。

战国时期，齐国的丞相孟尝君以养士出名，由于他待士诚恳，感动了一个叫冯谖的落魄人。一次孟尝君叫人到其封地薛邑讨债，冯谖自告奋勇，问将催讨回来的钱买什么，孟尝君让他买点家里没有的东西。

冯谖到了薛邑后，见老百姓的生活十分穷困，听说孟尝君的讨债使者来了均有怨言，于是召集邑中居民说：“孟尝君知道大家生活困难，这次特意派我来告诉大家，以前的欠债一笔勾销，利息也不用偿还了。君上叫我把债券也带来了，今天当着大家的面把它烧毁，从今以后再不催还。”说着冯谖果真点起一把火，把债券都烧了。

薛邑的百姓没料到孟尝君如此仁义，人人感激涕零。冯谖回来后，孟尝君得知实情大为不悦。冯谖说：“你不是叫我买家中没有的东西吗？我已经给你买回来了，这就是‘义’。焚券市义，这对您收民心是大有好处的啊！”孟尝君吃了个哑巴亏，只有打发冯谖一边休息去。

数年后孟尝君被人谮谗，相位不保，三千门客也走了大半，只好躲回封地薛邑。薛邑的百姓听说他回来了，倾城而出夹道欢迎。孟尝君感动不已，终于体会到了冯谖“市义”的苦心。

得失之间的转化，有时并不能马上看到，人生的每一步，都是为下一步做铺垫，不能总盯着眼前去计算。我们要学会忍耐和等待，以长远的眼光对待“眼前亏”。深谙“吃亏”与”得福”的奥妙，掌握取舍的主动权，才能让“眼前亏”发挥出意想不到的效果。

正如古人所言，用争夺的方法，你永远得不到满足；但是如果用让步的方法，你可以得到比企盼更多的东西。只要我们用长远的眼光看待吃亏，“吃亏”有时候恰恰是一种做人的智慧，是一种低调的生活态度。

5. 总想着占便宜的人一定会吃亏

现实生活中，可以说每个人都喜欢占便宜，但是有些人知道，有些便宜能占，有些便宜不能占。当你占了不该占的便宜时，往往是因小失大，得不偿失。如果你是贪图朋友的便宜，很可能会因此失去友谊，被人孤立；如果你是贪图公司的便宜，多数情况是得不到重用，并且也常常被同事们看不起；如果你是贪图商家的便宜，很可能买到假货，上当受骗……

张女士去五金店买节能灯，货架上放着两种。老板表示，一种20元，一种10元。张女士拿起来比较，发现两者除外包装上的厂家不同之外，其他内容几乎相同。张女士想一样的产品，肯定买便宜的了。于是，她选购了10元的那一款。结果节能灯仅用了三个月就坏了，这比其宣传的一年寿命，整整缩短了九个月。

第二次，她选购了20元的，老板说，这个虽然贵点，但绝对保证能用得时间更长。果然，这盏灯用了一年也没坏。看起来贵，比起便宜的那个，实际上实惠得多。

在我们的生活中，为占一点小便宜最后吃亏上当的大有人在。比如，听到百货公司打折扣、大减价，赶快去买一大堆东西，东西虽然便宜，却并不实用，不但浪费，连放东西的地方都困难；到自助餐馆用餐，不管什么菜色，总要狼吞虎咽，大吃一顿，贪了小便宜，结果把肠胃给吃坏了；有病不去大医院，为了省钱去小诊所，结果钱没省下来，病也反而越来越加重了；明知道没有天上掉馅饼的好事，但是看到那些不费吹灰之力就能赚钱的美事，那种侥幸心理便战胜了理智……

田磊和水生背着400块假银元和8块真银元来到汝南县，企图行骗。田磊以打工名义找到某工地工头刘老板，刘老板说没有活，田磊便说让刘老板帮个忙，他朋友在干活时从地下挖出一罐银元，估计有三四百块。随后，田磊领刘老板找到水生，并拿了两块银元到古玩店里去鉴别真假。一鉴定，果然是真的，每块能值六十多元。

田磊就劝刘老板买下这四百块银元，然后转手卖到古玩店，能赚一大笔钱。刘老板一合算，信以为真。双方约定次日在县城西的玉米地里交货。次日下午，在田磊游说下，刘老板如约前来。水生从玉米地掂出一袋银元交给刘老板，刘老板当即付给水生九千元。

这个骗局其实很简单，如果有那么便宜的事，田磊为什么不自己揣着银元到古玩店里卖掉赚钱呢？刘某之所以上当就是由于贪图小便宜，而丧失了最基本的判别能力，结果贪小便宜，却吃了大亏。生活中类似的例子还真不少。

在一家卖衣服的店铺里，有个打工妹要买一件衣服，和店主讲了半天价，最后说好五十元成交。然而，当打工妹从口袋里掏钱时，不小心掉到地上一张一百元的钞票，那位打工妹自己并没注意到。但店主看在眼里，也没有向打工妹提示一下。他一心想着等对方走了，他好自己捡起来据为己有。

打工妹在身上掏了半天，只找出个十块钱，于是她跟店主说：“老板，真是不好意思，我换衣服忘了带钱，我就住在这条街的附近，先把衣服拿回去，一会儿给你送钱过来。你看行吗?”店主心想：“你掉在地上有一百元，就是你不来，我也不亏。”于是就答应了对方。打工妹拿走了衣服后，店主马上把地上的钱拿起来，一看，是一张假币。而对方说的一会送来，不过是一句空话而已。

骗人的人固然可恶，然而追根究底，还是我们的贪小便宜的心理在作怪。骗子正是利用了人们爱贪小便宜的心理，所以才发明了种种骗术，诱之以利，结果就有许多人上当了。

大多数人都以为这些小便宜微不足道，无关紧要，随心所欲地做了，也没什么大不了的。

然而，就是那些身边的所谓“小事”，往往成为一个人塑造人格和积累诚信的关键。一些贪小便宜、要小聪明的行为只会把自己定性为一个贪图小利、没有出息的人的形象，最终因小失大。

总之，对于这些行为，一言以蔽之，就是“总想着占便宜的人一定会吃亏”。

6. 怕便宜别人而“一切靠自己”，终会在单枪匹马的路上累死

在现实生活中总有这样一些人，他们做事时一门心思只考虑不能便宜了别人。尤其是那些自认为有点才能的人，更是怕别人利用自己的才能谋取利益，于是无论做什么事都是单枪匹马，独断独行。他们累死累活地费了半天功夫，最后看看成果，其实并不乐观。

一位哲人说过：“你手上有一颗苹果，我手上也有一颗苹果，两颗苹果交换后每个人还是一颗苹果；如果你有一种能力，我也有一种能力，两种能力交换后就不再是一种能力了。”

每个人都应该认识到个人的能力是有限的，一个人永远无法做好所有的事情。即使一个人精力无限充沛，也不可能做好所有的事情，所以合作是必要的，也是必需的。

有一次，德国的经销商要求海尔务必在两天之内将货物送到，否则他们就取消订单。海尔人当然知道这两天意味着什么。这意味着在德国经销商打来电话的当天，他们就必须将货物装船。这简直是无法实现的。

然而，此刻海尔人迸发出了强大的力量，他们分工合作、齐头并进，联系船期的联系船期，调货的调货，报关的报关，全部都投入到这场“战斗”中。当天下午五点半，当德国经销商收到了海尔发货的消息后，非常震惊，继而由衷地表示感激。

可见，合作的力量是如此的强大，其实，在我们的生活中也是如此。你在某方面的才能的确比别人强，但是，别人同样也有你不及的过人之处。如果你们彼此不是害怕被利用，而是鼎力合作，最后创造出来的成绩就比一个人要好得多。

俗话说“一根筷子易折，一把筷子不易断”，讲的就是一个人的力量是渺小的，只有借助更多人的力量，才能形成坚不可摧的堡垒，并且，也能使某些事情更顺利、更高效的完成。

一家大公司招聘高层管理人员，9 名优秀应聘者脱颖而出，闯进了最后一轮的复试。

复试是由老板亲自把关的，测试题目是去做市场调查。他把这 9 个人随机分成甲、乙、丙 3 组，指定甲组的 3 个人去调查婴儿用品市场，乙组的 3 个人去调查妇女用品市场，丙组的 3 个人去调查老年人用品市场。最后老板交代他们到秘书那领取相关行业的资料，以避免盲目展开调查。

3 天后，9 个人都把自己的市场分析报告递到了老总那里。老总看完后，站起身来，走向丙组的 3 个人，分别与之握手，并祝贺道：“恭喜 3 位，你们已经被录取了！”

看着大家疑惑的表情，老总说：“请大家找出我叫秘书给你们的资料，互相看看。”原来，每个人得到的资料都不一样，比如甲组的 3 个人得到的分别是本市婴儿用品市场过去、现在和将来的分析，其他两组的也类似。只有丙组的人互相借用了对方的资料，补齐了自己的分析报告。甲、乙两组的人却分别行事，抛开队友，自己做自己的，形成的市场分析报告自然不够全面。

老总说：“其实我出这样一个题目，主要目的是考察一下大家的团队合作意识，看看大家是否善于在工作中合作。要知道，团队合作精神才是现代企业成功的保障!”

一个人的力量是有限的，哪怕用尽100%的力量也不足以最后胜出。而如果多个人分别贡献出一点力量，那么就能轻而易举地取得胜利。

在专业分工越来越细、市场竞争越来越激烈的前提下，单打独斗的时代已经过去，合作变得越来越重要，这已经被越来越多的人所认可并接受。

其实合作本身不是目的，借助别人的力量才是取胜的关键。越来越多的人因为独木难支而败下阵来，而更多的人却以“三个臭皮匠赛过诸葛亮”的合作干出了一番大事业。可见，一个人的力量终究无法与大家合作的力量相提并论。

那些成功的人从来不认为自己的成功是“单打独斗”出来的，比尔·盖茨曾说：“我之所以成功是因为有更多的成功人士在为我工作。”

一个人越成功，其背后一定有一个团队在支持他，关注娱乐圈的人都知道，每一个当红明星其背后往往都有一个实力雄厚的大公司支持。电影明星离不开制作群，也离不开摄影组和众多演员的合作。歌星也不是张张嘴就声名鹊起了，他需要作词、作曲的人，得有人为他出唱片，有人为他宣传，这样他才会成为社会关注的焦点。当下是一个合作的时代，没有合作，成功无从谈起。

一位成功的企业家说：“现在的创业时代，早已不是单打独斗、显现个人英雄的时代了。大家互惠互利，合作双赢才是硬道理。”在现实生活中，没有人能够成为一个无所不能的超人。现代社会是个有深有浅、变幻莫测的“江湖”，想要一个人获胜，几率可以说是微乎其微。所以，我们必须告别单枪匹马的行事态度，学会合作取胜。

7. 利益面前独吞，生意只会越做越小

自古以来，生意人都是“无利不起早”，但想把生意做好，想让别人愿意与你合作，就必须照顾别人的利益。有钱大家赚，利益共享，才能赢得更多合作的机会。相反，如果你只顾一己之利益，而无视对方的权益，只能是一锤子买卖，自己将生意做断做绝。

周建人和卫平是做生意的，周建人眼光好，卫平消息灵通，于是两人合作起来也非常得心应手，在一起已经合作了一年多，从没做过赔钱买卖。

然而，有一次，卫平经朋友介绍，看好了一批积压的电子产品，这种东西他们以前做过，也赚了不少钱。这时，卫平忽然在心里打起了小算盘，这种稳赚不赔的买卖，如果还是和周建人一起合作，大家只能一人赚一半，而自己也能拿下这批货，为什么不自己做呢？

于是，他没跟周建人透漏半点消息，一个人独自拿下了这桩生意，事后，也赚了不少钱。然而，不久后，周建人不知道从哪里得到了卫平“吃独食”的消息，对卫平的这种行为感到很失望。和这种有失信誉的人继续合作下去，恐怕自己还会吃亏，所以他就逐渐疏远了卫平。而卫平由于自己的经验不足，一个人做这种风险极大的生意，总是赚得少赔得多，以至于后来只好放弃。

李嘉诚曾说过：“如果一单生意只有自己赚，而对方一点不赚，这样的生意绝对不能干。”他在生意场上一直信守利益均沾的原则，每一

次与人合作都会让对方也获得巨大的利润。只要你懂得分享利益，每一次与你合作的人都能获得利益，自然他们还会希望继续与你合作，那么你就会有做不完的生意。

李嘉诚不仅对合作伙伴如此，对下属更是这样，当事业有发展的时候，他懂得让下属分享利益。也许有人会疑惑，在商言商，皆为利来，你把钱给别人了，自己不就少了吗？其实不然，这里存在着一条商场"悖论"，也就是你把利益分享给别人，你的利润不会减少，只会增加。看似悖论，其实道理很简单，对方获得了利益，合伙人有了好机会自然先想到你，而职工也会更加卖力的为你工作，赚的钱自然就越来越多。

做生意要有一种长远的眼光，不仅要分析事情会有什么样的发展趋势，还要研究应该采取什么样的方法去应对。当你做到这一点的时候，实际上就已经为自己的生存和发展留下了余地，因为你已经懂得了分利益给别人。

1987年11月27日，一块政府公地拍卖，因为地理位置良好，拥有极高的开发价值，房地产界的多数大亨都参加了这块地皮的拍卖，当天李嘉诚也出现在拍卖场上。

从一开始，拍卖的场面就异常火爆，火药味也特别的浓。李嘉诚和一位竞标者连叫两口，底价连跳两次。后来李嘉诚发现商场上有名的"飞仔"胡应湘也加入了竞拍。

李嘉诚知道胡应湘的实力不菲，并且他们曾经也合作过。当会场上的竞拍价格连抬十一档时，李嘉诚派得力助手周年茂与胡应湘商谈合作，并且达成了协议。胡应湘停止了竞拍。最后，李嘉诚以自己当时预计的最高价位拍下了这块地。

在拍卖会后李嘉诚宣布："这块地是我和胡应湘先生联合所得，将用以发展大型国际商业展览馆。"

虽然李嘉诚看似出价很高，而且他决定和胡应湘共享利益，但是李嘉诚在这中间还是能够获得丰厚的利润。

李嘉诚之所以用利益共享的条件来请胡应湘停止竞价，还是因为在竞投的时候做了长远的打算。如果胡应湘一直和他叫板，最后的价格肯定会超过他的底线。而分出一点好处给胡应湘，这不仅能帮助李嘉诚在控制的价格之内，将发展空间巨大的公地揽入怀中，他在与胡应湘分享利益的同时又在拍卖场上化敌为友，为自己将来的发展多留下了一条后路。

所以，有时候表面上看起来并不占优势的事情，对自己将来的发展却有着极大的帮助。懂得分一些利益给别人，确实是一个生意人必须重视的问题。

8. 与其挡对方财路，不如自己另辟财路

在我们的生活中，有些人似乎有一种通病，就是见不得别人好，如果别人不如自己，却发了大财，就更觉心里不平衡，甚至产生挡人财路的想法。

然而，有句话叫“夺人道路人还夺”。在人际交往中，最好不要挡人财路。挡人财路，别人就要回过头来挡你财路，夺你财路。

孙伟与刘牧的厂子都同时开发一个项目，但由于刘牧的技术力量雄厚，他的项目比孙伟早一个月投放到市场。本来与刘牧共同研究一个项目，孙伟就感到窝火，没想到还让他抢了先机，孙伟更是气上加气。

于是，他匿名向质检部写了一封检举信，检举刘牧的产品有质量问题，结果弄得刘牧的厂了子停产一个月接受检查，损失惨重。刘牧知情

后也愤怒地把孙伟告上了检察院，还花重金买到了孙伟厂子的独家资料。

正当孙伟为挡了刘牧的财路而沾沾自喜时，也接到了检察院的检查通知信，这股风竟然刮到了自己的头上。孙伟最终因产品不合格而不得不停产。孙伟真可谓是赔了夫人又折兵，挡人财路最终害人害己。

很多人有意去挡人财路，是源自一种报复的心理："某人和我有怨，逮到机会便挡他财路，虽然自己也得不到，但却满足了报复的快感。"但这种报复往往得不偿失，对自己反而有害无利。

另外，还有一些人是出于一种嫉妒或者争强好胜的心理，看你拿得多，或是我虽然也拿得不少，但你拿得比我更多，于是我就起了嫉妒心。而嫉妒的起源无非来自于自己的贪欲，只因认为自己拿得不够多，于是就挡对方的财路，看能不能将之据为己有。但这种心态往往让你什么也拿不到。俗话说："穷帮穷，财气雄；富斗富，没房住。"这种两败俱伤的事，不是智者所为的。

无论是出于什么原因和手段，挡人财路的后果却只有一个，就是会引起对方的怀恨。有的人会立即做出反扑的动作，有的则"君子报仇，十年不晚"，至少你和对方已有了嫌隙。

所以，在社会上行走，最好不要挡人财路。别人有机会升官加薪，不管你心里感受如何，最好不要去从中作梗。你若因为报复、嫉妒而去挡人财路，这事迟早会外露的；别人的津贴拿得多，又不合理，如果不影响你的利益，你就不要去抗议，即使抗议成功，也没人会感谢你，而你却得罪了一个人。

即便有时候是为了争取自己的利益，也不能因此去挡别人的财路。最明智的方法就是自己另辟财路，因为挡人财路一旦引起争夺，可能你什么也得不到。如果有其他的财路，那不如共享利益，这是可以用谈判协商办到的。

蔡志鹏在一个步行街做电脑配件生意，两年来，生意一直不错，店面从几平米扩展到了六十多平米。然而，最近这条街上又开了一家电脑配件店，店主任之剑是专门学电脑硬件的，并且刚开业就把价格压得很低，这样一来，蔡志鹏的生意没少让他抢。

于是蔡志鹏就去找任之剑商量，他说：“本来我们这条街的人就不是很多，咱俩这样你争我斗只能便宜了顾客。我手头有一个好项目，原本就打算改行，只是这个行业干的时间长了，老顾客也不少，就懒得动了。如今你刚刚起步，如果做我说的这个项目，一定没有多少问题。”听了蔡志鹏的话，任之剑觉得也有道理，通过这一段时间的经营来看，这条街也的确只适合开一家电脑配件店，否则就是谁都别想赚钱。

正好这时，一个朋友要开一家二手书店，找任之剑出主意。在读大学的时候，任之剑就发现二手书市场有着一个非常巨大的交易空间。而如今，任之剑所在的这条街上，出入的都是一些年轻人，似乎正好缺少一家二手书店。于是，他跟朋友合作，把电脑配件店改成旧书商店。

书店开张没多久，为增加有效的交易渠道，任之剑还开设了网上交易。如今，网上交易量已占到书店业务总量的 15%。此外，任之剑还销售一些基本不赢利的书籍，这样做可稳住老客户、争取新顾客，从而带动其它生意。

他还采用朋友的建议，增设了“寄设”业务。此项业务主要面对那些有书却不愿贱卖的顾客，他们希望手上有价值的旧书能像字画一样寄在店里由老板“代销”。“代销”成功，老板收点“代劳费”。这样不仅能增加一部分收入，还给小店增加了诚信度。

小小的二手书屋如此这般经营了一年，现在任之剑的书店每月有五到八千元的纯利，这是他当初万万没想到的。如今，任之剑和蔡志鹏因为没有了利益冲突，也成了一对无话不谈的好兄弟，无论双方有什么生财之道，总不忘征求一下对方的意见。

有句老话说，和气生财。是的，你不挡别人财路，或许别人还会为你让路，这样你不仅不会为利益和别人争个你死我活、两败俱伤，反而能广积人脉，使你的生财之路更加宽广。

但是有些情况可以另当别论，如果是基于正义，揭发或者打击那些不法获利的行为倒是可行的。但你要考虑到你在揭发之后确信能不被对方打倒，有把握将对方制服，并且不泄露自己的作为。

第 10 章

Chapter10

别被人当枪使，也别算来算去算自己

做人太老实，没心眼，容易被人利用，也许被人卖了还帮人数钱呢。当然，防人之心不可无，害人之心也不可有。若是耍尽手段、绞尽脑汁去算计别人，往往弄巧成拙，陷入“聪明反被聪明误”的泥淖中。

1. 警惕第一次见面就很亲昵的人

生活中，两个陌生人第一次见面，通常是不会像熟人一样很热烈地说话的。除非是一些长者，的确是对你疼爱有加，偶尔拍下你的头、你的肩膀也不是不可。除此之外，这样的人不是有求于你，希望你购买他的产品，要不就是骗子，希望蒙蔽你的大脑，让你放松警惕；即使不是以上的两种人，那么也是一个以自我为中心、自信过头的人。他的那种亲昵的说话方式和举动，只是为了增加你对其的好感度，以备日后所用。

有一次，靳红到中关村为公司买打印机，他进了一家卖打印机的店里，想先了解一下价格。没想这家店里的店员非常热情，一口开就说："哥，您打算买个什么牌子的，咱店是惠普和爱普生的代理，款式挺多得，你看看。"

看了一圈，靳红觉得都不太合适公司用，于是，打算到别的店里去看看。这时，那位售货员又走过来热情地对靳红说："哥，我可以带您到其他打印机店看看，我是这里的促销员，比较熟悉附近的打印机直销店，而且还可以帮你侃价。"

靳红同意了那位售货员的请求，于是和她一起到别的打印机店看货。他们一边走，售货员一边帮靳红介绍，告诉他买打印机应该注意些什么，并且告诉他哪些牌子的打印机售后服务又方便又好，还有那些打印机的色彩效果好，等等。

虽然他们走了好几家店，看了很多种机型，靳红依然没有选到自己满意的打印机。但是，那位售货员并没有觉得厌烦，还是一副热情的样子，和靳红边走边聊，俨然一副老朋友的样子。

终于，靳红实在不好意思继续让这位店员陪着自己到处逛，只好决定回去买她们店里的打印机。等到付完钱，他又去别的店家一打听才知道，原来同样的款式，他竟然多花了两百多。

我们都知道，没有人平白无故的会对你热情有加，尤其是陌生人。通常，一见面就喜欢和你套近乎的人，大抵都是有目的的。这个时候，我们一定要辨清对方的意图，否则，因为自己的实在中了别人的圈套，受到损失后悔可就晚了。

有一次，王蒙到河北出差，在火车上认识一个自称是自己老乡的人。一路上那人不断地询问王蒙一些家乡的情况，说自己已经好多年都没有回过家了，甚至连乡音都变了味了，如今见到老乡，真是又亲切，又失落呀。说着这些，他的眼神中还的确流露出一种悲凉来。

王蒙见此，赶忙安慰一番。就这样，那人越聊越动感情，最后拍着王蒙的肩膀说："兄弟呀，人们都说老乡见老乡，两眼泪汪汪，可真是不假。如今能在他乡见到故乡人，真是让我惊喜。兄弟你去哪里？要是能顺路，我们正好能相互照应了。"

王蒙刚一说出要去的地方，那人马上答："怎么这么巧呀，现在终于可以在路上有个伴了。"说着拿出一堆水果、饮料、零食给王蒙吃。因为聊得投机了，王蒙也没想太多，那人让吃他就吃了。这时，外面的天逐渐黑了，火车要第二天才能到达王蒙要去的地方。吃完对方给的水果，王蒙感到迷迷糊糊的，随便趴在座位上就睡着了。

当他被查票的乘务员吵醒的时候，发现夜已经很深了。他一摸自己的口袋，发现钱包没有了，转头再四下搜寻一下那个"老乡"，人早不在了。

在生活中，尤其是一个人出差、独处，当有陌生人与你亲昵搭话的时候，自己一定要多留个心眼。尤其那些自称和你有某些关系，或者热情有加地要给你吃这个、给你看哪个的，千万不要实心眼儿地一味相信。最近，社会上出现的一些骗子，就是用这种手段，先骗取你的信任，然后给你下了蒙汗药，最后骗取你的钱财。所以，当遇到那些一开始就和你攀亲戚、攀老乡，和你套近乎的陌生人时，首先我们要尽量回避。

要想在人际交往中占据主动，并且不被一些小人、坏人算计，我们就要练就一双洞穿人心的火眼，在不动声色中看清他人的内心想法，以此来做自我保护。

2. 天上掉的馅饼别乱吃

俗话说："一分耕耘，一分收获。"只有当你付出了同样多的东西，你才可能收获同样多的成果。然而，有些人就偏偏不信这个理，他们觉得很多时候，不用付出努力，同样可以有所收获。

于是，有些人便试图去蹭一些免费的午餐，去吃一些天上掉下来的馅饼。然而，摆在我们面前的那些所谓免费的午餐、馅饼，不是陷阱，就是圈套。

许平是一个没事就爱逛街的人。星期天她没事情便又拉老公逛商场，在某商场，她看中一双品牌鞋，原价三百多。笑盈盈的服务员对她说："现在搞活动，打折之后 210 元，还送 100 元购物券。"她盘算了一下，觉得划得来，便叫服务员开票，拿发票换了 100 块购物券后，发现上面的使用期限只限最近三天，而且仅限服装类产品能用。

不用吧，怪可惜的，用吧，实在没什么可买的。把商场逛了个遍后，她发现一件男式羊毛衫不错，老公试了一下，很合身。打折之后 560 元，还可以兑换 200 元购物券，就这样，刘女士把那 100 块购物券用掉了，但手上又多了 200 块购物券。

为花掉这马上就到期的 200 元购物券，许平又犯了难。事后她算了一笔账，原本只要花二百多块的，结果在购物券的连环效应下，花了一千多……

这个故事其实就发生在我们周围。在现实生活中，有很多商场借着消费者想吃白食的心理，大肆给自己的商品宣传打折。各类报刊杂志的边缝或者角落里经常有类似简单的广告，而且总是承诺你能从中获取多么大的利益，使得那些发财心切的人上当受骗。

常听人讲"天下没有免费的午餐"，天上掉馅饼往往都不是什么好事，越是大利在前，越应该小心谨慎，因为大利背后可能隐藏着巨大的陷阱，一不留神，你就会上当受骗。为了避免上当，就必须要时时提高警惕。

2004 年年底的一天，退休在家的汪老伯接到了一个年轻女子的电话。甜美的声音告诉他，她是 A 国三路集团的职员，该公司举办了面向全国的电话号码电脑随机抽奖活动，而汪老伯中了二等奖，奖品是本田飞度轿车，价值 98000 元。汪老伯有些不相信自己的耳朵。年轻女子让他拨打领奖中心咨询电话进行查询，并给了他主任张小东的手机号码。

电话挂了半天，汪老伯还是不敢相信，直到老伴回来，两人一合计，决定先打个电话探探虚实。手机一拨就通，从“张主任”的嘴里果然证实了中大奖的信息。“张主任”建议，因为异地取车，路途遥远，且汪老伯年事已高又不会驾驶，还是拿现金比较合适。此言颇合二老心意。“张主任”又说，要拿现金必须先予公证，并提供了一个公证处的电话。汪老伯立刻又拨打了该电话。接电话的是一位“杨先生”，他告诉汪老伯异地公证的费用是980元，并告之“公证处”的账号。

当天下午，汪老伯就到银行把980元汇进了“公证处”的账号。

第二天，“张主任”再次来电要汪老伯支付20%的税金和保险费，共计29400元。汪老伯当天就向“张主任”提供的另一个账户汇进了29400元。几天后，“张主任”告诉二老，由于他们工作的疏漏，错将汪老伯中的一等奖看成二等奖，一等奖的奖品是价值28万元的进口高级轿车。他还要汪老伯补交54600元的差价。

当汪老伯第三次到银行汇款时，警惕的工作人员一连串的疑问点醒了尚在迷茫中的汪老伯：“您这是中的什么奖呀？怎么要缴那么多钱？不会是骗子吧？我们以前也遇到过类似的事情，您可要查清楚啊！”汪老伯决定先等等。两天后，当汪老伯再也打不通“张主任”和“公证处”的电话，再也等不来领奖通知时，才悔恨地踏进了市公安局的大门。

这个社会上，处处都有小人的陷阱，一不小心就会掉进去。比如，电话、网络通知你中奖的；手机短信告诉你领钱的；走在路上忽见一个大包裹，里面装的都是钞票，而旁边却冒出一个人来和你“分赃”……诸如这些，大凡都是骗子设立的圈套，我们都应该一律不当回事。要知道，世上哪有这么美的事，都让你一个人赶上了？

在《菜根谭》中有这样一段话：“非分之福，无故之获，非造物之钓耳，即人世之机阱。此处着眼不高，鲜不堕彼术中矣。”

它的意思是说，不该得的福分、从天而降的意外之财，即使不是上天故意诱惑你，也肯定是让你上钩的机关陷阱。如果不睁大眼睛，就很难逃过这些诈术圈套，很少有人不上当受骗的。

所以，在社会上行走，要想不被骗子有机可趁，我们就不要相信会有天上掉馅饼的好事，并且还恰恰砸到了你的头上！虽然骗子的圈套和陷阱千变万化，但万变不离其宗，只要我们不贪图那些不劳而获的成果，便能安然无事。

3. 防范忘恩负义的人

在我们的日常生活中，有这样一些忘恩负义的人。通常，他们行事处世都以个人小利为出发点，他们会为贪小便宜而出卖团队，甚至与自己一起工作多年的伙伴；他们也会为了升官发财，不择手段，不惜坑害朋友；他们更会为了展翅高飞而把恩人当垫脚石，一旦发现对方已经没用或者有碍自己发展便恩将仇报，落井下石……

春秋时期，楚国伯嚭一家被佞臣费无忌谗害遭族灭，只身一人颠沛流离逃到吴国。伯嚭投奔吴国，一则因吴国是楚国的敌对国，二则因为伍子胥同伯嚭一样与费无忌仇深似海，不共戴天。

伯嚭一见伍子胥就放声大哭，先是对伍子胥一家的遭遇深表愤慨，接着哭诉全家遭斩的惨痛经历，继之大骂费无忌诱惑君王，杀害忠良，经过一番眼泪和愤恨的表演，才提出请伍子胥看在同国同乡同遭遇的分上，给个安身之地，向吴王举荐一下。

伍子胥是个忠厚老实的人，出于对楚平王和费无忌共有的憎恨，也由于相同遭遇而产生的怜悯，虽然原来与伯嚭没有什么私交，但还是决定向吴王引荐他。

这时伍子胥的好友被离劝阻他说："你可不要轻信这个伯嚭呀。据我观察，这个人鹰观虎步，形貌含诈，其品性必贪婪奸佞，专擅功劳，任意杀人，切不可同他亲近。今日重用他，以后必为其所害。"伍子胥回答说："古语说得好，'同疾相怜，同忧相救；惊翔之鸟，相随而集'。人还是善良的多，你先不要猜疑。"

在伍子胥真诚地介绍和大力推举下，吴王阖闾也可怜伯嚭的不幸，同情他的遭遇，又见他能说会道，见他频频表示效忠尽命的决心和誓言，就收他在朝中，封为大夫，命他同伍子胥共佐朝政。

念及他初来吴国，人生地不熟，伍子胥更加对他照顾有加，视他为好友。然而，伍子胥做梦也没有想到他救起的却是一条毒蛇，30 年后，他自己就冤死在这条蛇的毒牙之下。

忘恩负义的人通常都表里不一，不得志的时候，他们通常都伪装成一副可怜样，先博得别人的同情，得到对方的帮助和提携以后，再"忠肝义胆"地承诺一番，以此博得别人最大的信任。

等到自己的翅膀硬了，他日日思夜夜想的不是感恩，不是把事情做好，而是如何才能尽快地超越恩人的地位。恩人的肩膀能靠一靠的，他会踩着上；如果不可，恩人成了他往上爬的绊脚石，那就对不起了，一脚踹开毫不怜惜和犹豫。

然而，生活中忘恩负义的小人常常带着面具，不到关键时刻，你根本就看不出他的真面目，以至于让人防不胜防。

因此，通常在与人共事的时候，我们就该处处小心，比如当我们并不了解对方是什么人的时候就要少说多听，不轻易许诺，不轻易露出自己的底牌，以防小人借机抓住自己的弱势而大做文章。

如果我们大致知道对方有小人之嫌，那么尽量对其敬而远之，没有事不要与其交往，特别不要到对方家串门，也尽量不要让对方来自己家走动；能疏远则疏远，实在非要与其共事，那一定不要与小人结仇，因为这种小人，即使别人对他恩重如山，一旦涉及到自己的利益，也会踩上恩人的头顶。

当然，并不是说做到了以上几点，你就可以远离忘恩负义的小人，或者与这样的小人就相安无事了。只是，这样我们方能有目的地巧妙避开小人及小人所设下的陷阱，从而把小人对自己的伤害降至最低，使自己不至于受小人的诈术拖累心情，当认清了忘恩负义的小人这一真面目，也就学会了保护自己。

4. 不要成为被人用过就丢的棋子

生活中，我们常能碰到这样的人，你有用的时候，竭尽所能地巴结你，讨好你，等到没有了利用价值，便像丢棋子一样，把你丢在了一边。这样变脸比变天还快的小人当然是不可交的。可是，有时候，当对方伪装成另外一幅模样的时候我们并不知道，等到事发，只能自己承受后果。

何其和魏东生是在同一个公司的同一个部门工作，两个人关系不算很好，但是也还过得去。一天，魏东生私底下找到何其，有点不好意思地说："何其，我想跟你借点钱，大概三个月就还给你。你看行吗？"何其是那种不会拒绝别人的人，看到魏东生这样子，就答应了他。

两个月之后，魏东生不仅还了钱，还附带了三个月的利息。魏东生满怀感激地说："关键时刻是你借给我钱的，数目虽然不多，但的确帮了我大忙，这利息是你应得的，就别跟我客气啦。"

何其听他这么说，觉得也对，就接受了利息，而且还觉得魏东生是个言而有信的人。从此，魏东生隔三差五的就跟他借钱，每次数目都不大，而且都能在规定日期之前归还。不仅如此还会附带利息。正是由于这个原因，两人经常在一起聊天，俨然成为了好朋友。

突然有一天，魏东生急匆匆地来找何其："我的钱被套住了，现在需要一笔钱来周转，你一定要帮我啊。"

何其痛快地说："没问题，要多少？"魏东生继续说："这次数目大了些……但还是三个月还。"何其犹豫了一下，但一想每次魏东生都能按时还，相信这次也不会例外，就说："没问题。"但是两个半月之后，魏东生就辞职离开了公司，任凭何其如何给他打电话，都是没有回应。

善于变脸的小人，他们通常会当面一套，背后一套，过河拆桥，不择手段。他们很懂得什么时候摇尾巴，什么时候摆架子，何时慈眉善目，何时如同凶神恶煞一般。他们在你春风得意时，即使不久前还是"狗眼看人低"，马上便会趋炎附势，笑容满面；而当你遭受挫折，风光尽失后，则会避而远之，满脸不屑的神情。

这种惯于使变脸术的"朋友"，对你永远也不可能有什么真心，用得着时甜言蜜语，用不着时就落井下石，所以一旦发现这种小人，就赶快远离他们，千万别被这种"朋友"迷惑住了。

郭东在一家杂志社工作了半年，他的顶头上司王主任觉得他颇能吃苦，又很有才华，是个不错的小伙子，于是就有意提拔他，常常把一些重要的工作交给他做。

一年后，策划部有个主管离职，王主任便极力向高层领队推荐郭东。而郭东也比较争气，就在这个时候，他主编的一本书稿获得了省优秀奖。于是，公司决定让他做代理主管。刚当上代理主管以后，他更是努力有加，勤勤恳恳地工作，不到两个月，他就把策划部打理得仅仅有条，并且还向上级主管递交了他的一些自己的新想法。当这些想法被采纳以后，他名正言顺地成为了策划部的正式主管。

然而，两年以后，因为公司发行部的牛经理出国，于是这里便又空出来一个位置。大家谁都知道，这个位置既轻松又有实权，当然是块不小的肥肉，而公司最有可能接管这个位置的人就是王主任和郭东。

其实，在王主任心里，并没有意去和郭东抢这个位置，他觉得，郭东年轻有为，在短短的两年时间内做出了不少成绩，如果他能顺利升迁到这个位置，一定对公司有好处。

然而，让他万万没想到的是，为了和王主任竞争这个位置，郭东竟然私下里去找过杂志社的总经理，并且还和其他同事扬言说，王主任不过是有点老资格，其实论管理能力和文采他哪有一点过人之处。

听到这些传言，王主任实在是感到心寒，曾经他一手提拔的郭东，原来只是把他当成了一颗棋子，如今没有用了，除了没有感恩的心，反而还落井下石。

凭着王主任在公司十几年的同事基础，还有和总经理的交情，竞争这个位置，其实也不算什么。就算是自己不主动出手，总经理还是找到王主任，来征求他的看法。当王主任把郭东的为人和总经理和盘托出时，总经理便不打算再重用郭东。

在生活中，一定要谨防那些惯于把别人当棋子来利用的小人，这样的人，总是以利益为重，毫无公德可言，并且还常常不识抬举、不知好歹。在这种人身上我们常常只有吃亏而得不到一点好处。所以，当你发现身边有这样的人，就尽早远离；如果你并不知道对方是否就是我们说的“善变”的人，对于自己不了解的人，我们还是要多加观察、分析，以防上当受骗。

5. 小心先踹你一脚，再给你揉揉的人

中国有句俗话“打一打，揉三揉”，就是用来形容那些之前踹你一脚，之后给你些好处平息事端的人。这种人让你吃了亏之后，给些好处或者说些好话，来说明他们的确是不得已或者没有办法才出此下策的，让你安安心心地吃下哑巴亏还不记恨他们。

小年和秦汉群都是部门的得力干将，两人的关系也还不错。有一次，两人因为一些私事大吵了一架，这让秦汉群心里面很不舒服。从此之后，他们之间的关系开始变得紧张。

有一次，由于小年的过错让公司出了些小麻烦，本来大家不公开，齐心协力就可以把问题解决的，但是秦汉群却在公司领导都在的时候大声地问小年整个事情的进展情况，弄得小年颇为尴尬。

之后，秦汉群私下找到小年，递给他一个小盒子。小年打开一看，是一瓶非常名贵的酒，就问秦汉群什么意思。秦汉群内疚地说：“你也知道，上次我说的那个事情，也是看见问题就给你指出来，都是为了你好。我当时也不知道领导在边上啊。还好，整个事情解决了，希望你大人有大量，别跟我计较喽。”

小年听秦汉群这么说，连忙答道：“你太客气了，这点小事别放在心上。”

那件事之后，虽然通过大家的极力挽救也没有让公司蒙受损失，但是，因为听到了小年和秦汉群的对话，经理觉得小年做错事这么遮遮掩掩的，很没有大将风度，就不再像以前那么信任小年了。而秦汉群则变成了领导非常器重的大红人。

遇到这种情况，不要以为别人是真的来向你道歉，想想看最终谁得到利益就清楚了，别让自己成为别人“打一打，揉三揉”的牺牲品，安安心心地吃了哑巴亏还不记恨他们。

在我们的生活中，像秦汉群这样的人时有出现，明明心里对你恨之入骨，表面上却一副死心塌地与你交好的样子。他们这样做的目的，是为了消除你的戒心，好有机会抓你的小辫子，让你蒙受损失。

周老伯和田老伯都是两个老农民，两人有事没事就喜欢相互调侃过瘾。然而，周老伯是个老实人，说过就没事了，也不记仇；而田老伯是属于那种不吃亏的人，一旦和周老伯抬杠输了，便觉得面子上过不去，总想再伺机报复一下。

有一次，当着众人的面，田老伯说周老伯：“人家都说头发少的人聪明，你看你，都成光头了也没看出你哪里聪明。”惹得众人一阵大笑。周老伯接过来反驳：“你看看，这种人真不要脸，人家还说二皮脸是最厚的，现在看到你的脸皮才知道，还有比二皮脸更厚的。”这样一来二去，两人说红了脸，大家不欢而散。

回去后，田老伯总觉得心里不是个滋味，于是，在某天夜里，把自己家的马放到周老伯田地里吃个痛快。这样连续几次，田老伯心理才算泄了气。

没想到的是，常在河边走没有不湿鞋的，田老伯的马最终还是被周老伯抓了个正着。知道自己的马被抓后，田老伯便拿了好酒和小菜去找周老伯，一个劲地跟周老伯道歉，说是自己不小心，让马溜出去了。看在邻里的份上，周老伯也并没责怪田老伯，并且还一再叮咛他看好自己的牲口，小心被人偷了拿去卖钱。

古今中外，有多少英雄豪杰、天才人物的辉煌事业、灿烂前景毁在小人手里，因为小人常常表面热情、好客，而在暗地里却做了手脚，真是让你防不胜防。

这种喜欢背后踹你一脚，然后再给你揉揉的小人一般不是你的仇家，也不是敌手。他要是盯上了你，你是逃不掉的，因为他并不是与你在信仰上对立或者在利益上有冲突。他与你作对，那理由很可能听起来都令人发笑，比如说你在那一次酒宴上敬酒没有敬他。在热闹的酒席上，你只不过少碰了一次杯，便给自己招来祸端。碰到这样的小人，怎不令人恼火？

我们要尽量地避开这种惯于踹你一脚再给你揉揉的小人，不与其接触；若是不幸碰上了，只要他的行为有损你的利益，你就必须奋力反击，将其暴露于阳光之下，以维护你做人的尊严和生存的权利。

6. 聪明反被聪明误

生活中，人人都希望自己更聪明，而“聪明反被聪明误”的例子却也是很常见的。宋代大文豪苏轼曾经说过：“人皆养子望聪明，我被聪明误一生。”聪明本是一件好事，但自以为聪明、自以为了不起或急功近利往往就会做出“聪明反被聪明误”的傻事。

有一个出租车司机曾经常常去单位边上的那个加油站给汽车加油。

一次，他要加100元的油，加油器的计价表蹦到99元的时候，加油的工作人员就手工控制油枪，99.4、99.6……99.99元，就此打住。“你的手够准的！”司机表面上好像佩服工作人员熟能生巧，实际却很不满。

第二次，他还加100元的油，计价表快到末尾的时候，工作人员又改人工操作，又是99.99元。

第三次，依然如此。司机跟加油的工作人员半开玩笑地说：“怎么每次总少1分钱啊?”工作人员笑着回答说：“加油站不能赔了不是!”

第四次，当工作人员依然在99. 99元打住的时候，出租车司机终于忍不住问道：“为什么总不加满?”工作人员很有理地反问：“加过了咋办?”“那为什么就不能给客人多加1分钱呢?”

“哈哈……”工作人员只笑不答，眼神里似乎在说，“傻帽，这有什么不理解的!”司机霎时觉得自己真像个傻子似的被嘲笑，从此再也没去那家加油站加过油。

这种捡芝麻丢西瓜，贪小便宜吃大亏，就是典型的聪明反被聪明误的例子。事实上，谁都不差那一分钱，但是如果有哪位朋友为了自己不吃亏，总是从你的兜里抠一点，你还愿意跟他打交道吗?

有些人，只要有利可图，也不管会为自己带来什么后果，能算计便算计，在有些事情上，的确也能占到不少便宜，并且还以为自己的精明赢得了别人的佩服和赞叹。

事实上，这些无比聪明的“精明人”无论是做人、做生意，还是工作，都很难有大的成就和建树。反倒是那些看起来傻得要命的老实人，在工作中容易升官加爵，在生意上常常做大做强，在做人上往往赢得更多的诚信和尊重……

某些“聪明人”的脑筋往往花费在了一些鸡毛蒜皮的小事儿上，为了自己不吃一分钱的亏，而绞尽脑汁，结果是聪明反被聪明误，成为别人茶余饭后的谈资。

无论是因为什么原因，其实说到底都是因为他不是真正的聪明。真正聪明的人看起来和做起事情来都像“糊涂”一样，不计较暂时的得失，不计较个人的利益，不看重眼前短暂的目标，为了心中的理想和长远的目标，可以忍受一切的孤独和寂寞，可以放弃眼前的小利而放眼未来……

有一个地方每年都举行南瓜品种大赛。一个叫阿勇的农夫成绩异常出色，每年不是第一就是第二。而且阿勇是个乐善好施之人，每次得奖后，他就把他辛辛苦苦培育的南瓜种子分给四邻。

他的这种举动感动了很多人，越来越多的人慕名而来。但阿勇却说，自己将这些种子送给乡邻也是为了他自己。

原来，阿勇将南瓜品种给邻居们后，他们也种上了优质的南瓜品种。由于大家的地都比邻相连，蜜蜂传播花粉的时候就可以将邻家优异的花粉传播给阿勇的南瓜。阿勇说：“你们想想，要是邻居家种的南瓜品种不好会带来什么后果吗?”

聪明一点，固然会为自己的生活带来一定的好处，但惯于玩小聪明的人反而会因自己的聪明而带来很多困扰。做人聪明是一种生存手段，但不必太聪明，有时愚钝一点或甘于吃亏反而能让自己生活得更惬意。

那些自恃聪明却又不知适可而止的人，恰恰容易吃大亏，上大当。三国时代的杨修便是一个很典型的例子，他三番五次地在曹操面前卖弄自己的才华，不仅引起曹操的嫉妒，还让曹操几次失去颜面而最终选择杀了他，这正是他的自作聪明让自己走上了绝路。

在《红楼梦》里，一谈到王熙凤，人们虽然也惊叹于她的无与伦比的聪明才干，她应付各色人等的技巧，但是，最终她也只能落得个“机关算尽太聪明，反算了卿卿性命”的下场。

道理就是这么简单，却又无比深奥。一个不知道为自己争取利益的老实人虽然有时候会吃亏，但也过得踏实；而一个机关算尽的人最终会算到自己头上。俗语云“搬起石头砸自己的脚”，正好是“聪明反被聪明误”的绝妙写照。

人生在世，难得糊涂，人的智慧往往使人作茧自缚。而那些憨憨傻傻的人，有时候反而更得人心，更讨人喜欢；锋芒毕露只会给自己惹一堆麻烦。

7. 耍小聪明反吃亏

有人说，耍小聪明的人头上都悬着一把“达摩克利斯剑”，这把剑随时会落到聪明者的头上，斩下他的头颅。那是一种极其危险的游戏。每个人都想表现得很聪明，但如果一个人老耍小聪明常常会弄巧成拙，愚弄别人不成，反而愚弄了自己。

任小燕是个菜农，每到蔬菜成熟后，她就用一个破三轮车拉到集市去搞批发。有一次，女儿刚从学校回来，看到她正往装满菜花的袋子里洒水。“您这是干什么呀？”女儿好奇地问任小燕。

“去去去，一边玩去，大人的事小孩少管。”任小燕不耐烦地冲女儿嚷嚷。而站在旁边的丈夫却一语道破天机，他说：“你妈这样做是为了增加菜花的分量，好多卖点儿钱。”女儿听了想要阻止任小燕，但是依然被她那句“小孩子不能参与大人的事”噎回去了。

第二天刚吃过午饭，任小燕就满怀“斗志”直奔菜市场去。谁也没想到，晚上，菜花又被她原封不动地带了回来。一看任小燕那垂头丧气的表情，女儿就明白是怎么回事了。她故意问：“您这菜花怎么一个也没卖出去呀？”这下可不得了，任小燕的火腾地一下就上来了：“哼！那些来批发蔬菜的小贩太狡猾了，这么好的菜花，他们却嫌湿，还跟我拼命压价，真气人！我就不信我卖不出去！”任小燕自信地说。

又过了两天，菜花还是没卖出去，那一麻袋菜花依旧堆在院子里。这时，丈夫开始忍不住数落任小燕：“叫你别洒水，你偏不听。看看，人家都不买，全烂了吧！你以为别人都傻呀！”女儿跑到院子里一看，可不是嘛，原本漂亮的菜花全都长了“雀斑”啦。

其实，每个人都不是傻子。有时候，当我们挖空心思想占别人便宜的时候，常常让自己蒙受更大的损失。可是，在生活中，就是有些人不认这个理，他们总喜欢卖弄自己的一些小聪明。比如，在某商店里，商家把过期的东西卖给顾客，以为自己的精明算计了顾客，可是却常常因此失去一大帮客户；比如，有些人在工作时间里，看到领导不在就看电影、玩游戏、聊QQ，以为这样蒙蔽了其他人，自己占了便宜，其实恰恰是因为这样工作成绩不突出，只能默默做个小职员或者被淘汰……

还比如，在营销管理中，“让和尚买梳子”之类的说法曾经很时髦，但是，在这里，说服购买常常掺杂了一定程度的夸张和歪曲。这很容易导致购买者最终发觉被骗。事实上，很多类似的所谓“转换一下思维”的高明主意，都隐含着浮躁、功利和短视。相对而言，那些靠货真价实、有实用价值的东西赢得市场才是最保险的；那些做事踏实，为人谐和的老实人才更容易掌握更多的经验知识，从而成就大事。

关志桥是一家出版社的编辑。他的文笔很好，但更可贵的是他的工作态度。那时出版社正在进行一套图书的编辑，每个人都很忙碌。老板并没有增加人手的打算，于是编辑部的人也被派到发行部、业务部帮忙。但整个编辑部只有关志桥接受了老板的指派，其他的都是去一两次就抗议了。

关志桥说："吃亏就是占便宜嘛。"

事实上也看不出他有什么便宜好占，因为他要帮忙包书、送书，像个包装工一般。

他真是个可随意指挥的员工，后来他又去业务部，参与直销的工作，此外，连取稿、跑印刷厂、邮寄……只要开口要求，他都乐意帮忙！

"反正吃亏就是占便宜嘛！"他始终这么说。

两年过后，关志桥自己成立了一家文化公司，做得还真不错。原来他是在"吃亏"的时候，把出版社的编辑、发行、直销等工作都摸透了，他真的是占"便宜"了。

现在他仍然抱着这种态度做事，对作者，他用"吃亏"来换取作者的信任；对员工，他用"吃亏"来换取他们的向心力；对印刷厂，他用"吃亏"来换取信誉。

所以，在为人处世中，我们应尽量踏实诚恳地做人做事，避免做一些玩小聪明、小把戏的糊涂勾当，否则，吃亏的只能是自己。

玩小聪明的人，即便是在某些事情上占了一点小便宜，但是也因此会失去别人的信任和友谊。并且，这样的人一生一世也做不成大事，究其原因主要是精明过度，结果适得其反。世界上没有总是占便宜的人，也没有总是吃亏的人。小事占先，大事吃亏，大事得益，小事必屈。有得就有失，有失就有得，这是一个历史规律，过度精明实际上是一种真糊涂。

“难得糊涂”这句话的核心内容就是小事糊涂，大事明白。糊涂里面包含着极大的聪明和智慧，人不能因一点一滴的小事，而影响大事的进程。人生如打仗一样，为了实现远大目标，需要绕过那些小的绊脚石，不能因眼前的点滴利益，而阻挠你前进的步伐。